成功第一步
从推销自己开始

孙 浩◎编著

Chenggong diyibu
Congtuixiaozijikaishi

- 任何人的一生都可以视作一次长期的、不间断的推销。
- 成功地推销自己，是人生中最重要的学问。善于推销自己，才会有一个成功的人生。

中国华侨出版社

图书在版编目（CIP）数据

成功第一步，从推销自己开始／孙浩编著．—北京：中国华侨出版社，2012.9

ISBN 978 - 7 - 5113 - 2761 - 1

Ⅰ.①成… Ⅱ.①孙… Ⅲ.①成功心理 - 通俗读物
Ⅳ.①B848.4 - 49

中国版本图书馆 CIP 数据核字（2012）第 180816 号

● 成功第一步，从推销自己开始

编　　著／孙　浩

责任编辑／文　筝

封面设计／智杰轩图书

经　　销／新华书店

开　　本／710 × 1000 毫米　1/16　印张 18　字数 220 千字

印　　刷／北京溢漾印刷有限公司

版　　次／2012 年 10 月第 1 版　2012 年 10 月第 1 次印刷

书　　号／ISBN 978 - 7 - 5113 - 2761 - 1

定　　价／32.00 元

中国华侨出版社　　北京朝阳区静安里 26 号通成达大厦 3 层　　邮编 100028

法律顾问：陈鹰律师事务所

编辑部：（010）64443056　　64443979

发行部：（010）64443051　　传真：64439708

网　　址：www.oveaschin.com

e - mail：oveaschin@sina.com

前言

　　"他怎么就成功了？为何我就没有这种运气？"也许你抱怨了无数次，却没有反求诸己。那些成功的人，他们并非仅仅是凭"运气"，而在于及时地将自己推销了出去，抓住了诸多迈向成功的机遇。事实证明，善于推销自己的人，成功的机会才是无限的。

　　初涉社会、新入职场、背景低微……摆在我们面前的首要任务，是努力把自己推介出去，热情而自信地结交陌生人，发现新机会，让生活时时刻刻充满变数，充满希望。

　　步入社会，我们更要重视经营好自己的人生，即"营销你自己"。既然是营销，就必须有个好产品，这个产品就是我们自身的能力和素质。如果没有优秀的个人综合素质，没有丰富的社会阅历，不积极地在生活、工作中接受锻炼，那么再好的捷径在你面前也是漫漫雄关难逾越。正如一位名家所言："在当今的时代，成功机遇的分子和竞争对手的分母同时都在增加，当你发现一个职业发展的机会时，你的竞争对手也同时增加了一批。"所以，真正的捷径来自我们对广阔人脉的拓展、对自身能力的提升、对成功路途的上下求索，来自我们对推销自己的深刻认识，来自我们对发展机会的敏锐把握。

　　从某种意义上来说，人也是一种商品，你和陌生人的交往过程，也是你向他们推销自己的过程。是商品就要讲究包装，好的包装和好的品质不一定是完全对等的关系，但是"卖相"不好，会让很多人从根本上失去了探究你的内在品质的兴趣。

看似复杂的东西其实很简单，一个机会放在你的面前，为何不把握？假如你把相册中最漂亮的照片重新传到资料里，假如你拿起手中电话打给亲朋好友，请他们每天关注你，假如你持之以恒地一直这样做下去……也许，下一个成功者就是你。

现代社会节奏快，竞争白热化，要想在激烈竞争的氛围中脱颖而出，"推销自己"是极其重要的环节，也是必不可少的环节。尤其是在中国人的传统习惯里，讲究做人与做事，好事也要与关系好的人分享。只有把人做好了，让贵人了解你，才会有好事垂青你。因此，"推销自己"的重要性，不言而喻。

衷心祝愿读者们能通过本书娴熟地推销自己，将理论与实践相结合，营造出特别优秀的自己，使自己不论是在职场，还是商场的交际场上收放自如，立于不败之地，进而取得成功！

目 录

<table>
<tr><td>第一章</td><td>**成功路线**
——我和未来有个约会</td></tr>
</table>

　　迈出成功的第一步总是很难，而一旦找准了方向，我们前行的速度将会超乎自己的想象。"梦想总是遥不可及，是不是应该放弃，花开花落又是一季。春天啊，你在哪里。"伟大的梦想，可以远远高于我们在现实中的身份，但是在我们的心目中必须要有一条清晰可行的攀升路线。步入社会、初涉职场的我们，如果一开始就有正确的路线图，那将会使我们少走许多弯路，将会使自己保持在遥遥领先的佼佼者行列里，未来将不再只是梦幻。良好的开始是成功的一半，拥抱成功，就从满怀信心地推销自己开始吧！

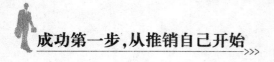
第二章 | 信息传递
——用行动赢得好感

　　要成功推销自我，我们就要从生活细节上塑造有层次、有品位的形象。陌生人第一次见到你，能否产生好感，在于他对你的观察。你的衣着装扮、言行举止、习惯动作、消遣方式，这都是对外信号传递的内容。他们在清楚地为你下定义，你是谁、你的社会地位、你的生活状态、你是否具有发展潜力。在各种场合，用你最"妥善"的言行推销你自己，才能最大限度地赢得对方的好感，赢得自己的成功！

第三章 | 亮出自己
——初入社会，塑造个人品牌

　　个人品牌的塑造离不开"推销"，个人品牌之所以能引起大众的兴趣，与你和你的目标人群有关。其实创建品牌的过程，就是与你的目标人群建立沟通的过程，目的可以更好地确立你的个人品牌在人们心中的影响。只有当人们相信并理解你能提供给他们生活工作中需要或者在意的重要东西时，他们才会做出反应，与你产生联系。如果你提供的东西对他们来说有意义，那么你就会获得更多支持的力量，这种力量将成为你获得更大成功的巨大推力。

第四章 | 一见如故
——社交场合打响你的知名度

　　社交达人总是令人艳美，虽然社会场合人们不以学识、才干、技能乃至外表形貌等自身的资源换取报酬，但人与人之间的差距是明显的，不懂得推销自己的人总是与机遇擦肩而过，哀叹命运的不公。在人与人的交往中，有一条非常重要的规则，那就是人们都会下意识地寻找自己喜欢的人，同样，人们都喜欢接近让自己感觉舒服的人。如果对方是初次见面或者是交往不多的人，怎样做才能直接而迅速地让对方产生好感和认同呢？社交场合是个大舞台，演绎得如何，就要看你是否做好了展示自我的准备。

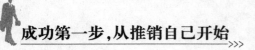
第五章 | **职场精英**
—— 找自己的"伯乐"

职场精英常这样说，"买卖（生意）就是关系"。这句话被许多精英当做座右铭。尽管不是所有的精英都广受欢迎，但是他们大多数都平易近人，表现亲和，善于与他人沟通，对他人的需求有强烈的兴趣，进而建立长期的友谊。但这不代表他们是软弱的，他们更会毫不保留地说出个人的想法和观点，这便是职场中的"推销自我"。然而，有卖还得有买，在你推销的时候别人的反应是怎么样的？你的推销是否有人接受？你能否在职场中找到欣赏、提携你的伯乐？在职场上是否让自己成为精英不是最重要的，而使自己处于有相对优势的位置或场所，能够最有效率地找到自己的"伯乐"，关键时刻能勇敢地"展示自我"，才是驰骋职场之道。

第六章 | **共创双赢**
——商务活动重在推销

有这样一句销售名言：推销产品之前先推销自己。在推销活动中，人和产品同样重要。顾客购买产品时，不仅要看产品是否合适，而且还要考虑推销员的气质和人品。所谓推销你自己，就是让客户喜欢你、信任你、尊敬你、接受你。从事商务活动的人，很多时候都不掌握有形资产，但你必须有许多的无形资产。"推销自己"便是在这许许多多无形资产中最易找到，又最易学习掌握，最容易让人起步，最让人一生受益的无价瑰宝。你可以白手起家，但不可以手无寸铁，努力吧，成功不再很遥远！

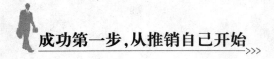

第七章	众里寻他
	——将你的风格隆重推出赢得真爱

　　尽管生活的担子很重，但我们依然有权利享受爱情。大部分情况下，我们面对心仪的人而行动迟缓，关系无法更进一步融洽。我们可以就当作是陌生人，采取有利的技巧，以最快和最有效的方式，化陌生为友好，顺利完成任务，与心仪的人结识并相恋，这其中有着无尽的技巧。其实，在陌生人面前，甚至在熟人面前，我们都在"自我推销"，展示热忱，敞开心灵，寻得爱情。要想为生活增彩，积极一点推销自己就对了。

第八章	操之在我
	——身价提升修炼术

　　商业社会，竞争时代，实力是本，表现是末，渴望成功的我们除了推销自我还需要打牢自己的实力。人在社会中立足，不能光靠那种与众不同的作风招人眼目了。我们的筹码多不胜数，表层的衣

着、表情、风格气质，内在的好品格、好习惯、优良的情商、才华学问、环境、运气等等，哪一样做得到位，都能为成功加分。锻造实力的目的，就是整合自身的资源，积极地推销我们的优点和长处，以期待实现最大化的个人价值。

第一章

成功路线
——我和未来有个约会

迈出成功的第一步总是很难，而一旦找准了方向，我们前行的速度将会超乎自己的想象。"梦想总是遥不可及，是不是应该放弃，花开花落又是一季。春天啊，你在哪里。"伟大的梦想，可以远远高于我们在现实中的身份，但是在我们的心目中必须要有一条清晰可行的攀升路线。步入社会、初涉职场的我们，如果一开始就有正确的路线图，那将会使我们少走许多弯路，将会使自己保持在遥遥领先的佼佼者行列里，未来将不再只是梦幻。良好的开始是成功的一半，拥抱成功，就从满怀信心地推销自己开始吧！

为自己进行身份定位

兵书上说："知己知彼，百战不殆。"这说明要打胜仗首先就必须正确认识自己，当然还必须研究掌握敌对方，对于一个渴望事业成功的人来说，就要清醒地给自己定位，在此基础上努力才能获得成功。要想把自己顺利地推销出去也是如此，它是我们走向成功的第一步，需要我们用心去好好把握。

人们批评自高自大的人时常说"这个人不知道自己有几斤几两"，意思是说他对自己不了解，所以有点不知天高地厚。

有位哲人曾说，你认识你的脸孔，是因为你经常从镜子里看到它。现在有一面镜子，在其中你可以看到完整的自己，看到自己心里所有的事情，所有的感觉、动机、嗜好、冲动及恐惧。这面镜子就是关系的镜子：你与父母之间的镜子，你与老师之间的镜子，你与河流、树木、地球之间的镜子，你与自己思想之间的镜子。

生活中，有些人频繁跳槽，但总找不准自己的位置。这些人中大部分只考虑单位的经济效益，物质待遇，职业是否热门、体面，而没考虑自己是否适合在这里工作。而随着年龄越来越大，竟然发现自己事业的拼图乱七八糟，取得的成就也是微乎其微。

定位错了，或者没有定位，我们的第一步就走错了，离成功的航标就越来越远。对自己定位就是找到自己与社会之间的契合点，只有在了解自己和职业的基础上才能够给自己做准确定位。检视个人在某个人生阶段，你究竟要什么？你擅长什么？你是什么类型的人？在何种情况下有最佳表现？你有什么比别人占优势的地方？

每个人都需要身份定位，目的是保证自己持续地发展。

自己适合做什么，不宜做什么，应心中有数。所谓"知人者智，自知者明"。如果不知己所短，以短当长，不但不能获得成功，反而会贻误事业。古时的赵括、马谡自幼熟读兵书，确有"纸上谈兵"之长，如果去当智囊参谋，可能是上乘的人选，但若亲自挂帅去领兵打仗，冲锋陷阵，就只能酿成"长平惨败"、"街亭失守"的惨剧。南唐后主李煜和宋徽宗赵佶，一个是擅长填词的高手，一个是工于书画的名家，但让他们当皇帝治国平天下，结果只能是祸国殃民，自取其辱。

做好人生的"角色定位"，最大限度地发挥个人的专长，是成就人生事业的关键所在。在事业的起步阶段，想做什么，首先要问自己5个问题：我要去哪里？我在哪里？我有什么？我的差距在哪里？我要怎么做？这5个问题涵盖了目标、定位、条件、距离、计划等诸多方面，只要在以上几个关键点上加以细化和精心设计，把自身因素和社会条件做到最大程度的契合，对实施过程加以控制，并能够在现实生活中知晓趋利避害，就能使自己的人生道路及职业生涯规划更具有实际意义。

成功悟语

一个人如何给自己定位，将决定其一生的成就。怎样认识自我？一是可以与自己"对话"，这种对话是在内心深处进行的，是

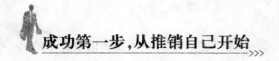

正与邪的相互抗争，也是自己思想斗争的基本形式，通过"对话"分辨是非，实现个人人格的完善和事业的进步；二是通过别人充分了解自己，"旁观者清"，通过他人的眼神、语言、态度了解自己言行的对错和自己的社会处境，从而调整自己的行为表现，以此来完善自我，达到目标。

做回自信的自我，我是最棒的

古代的先贤们总结出这么一个论点：相由心生。如果一个人在内心里不认可自我，那么走出推销这一步就很艰难了。缺乏自信心的人，就难以给对方留下美好的第一印象，自我"推销"也就以失败告终。有研究表明，一个人能否获得成功，主要取决于他的心态。在我们的日常生活中所进行的各种各样的活动及行为，都受着自信心的影响及支配！

将失败者和成功者作比较后发现，他们之者最大的差别就是：失败者往往缺乏足够的自信，常以消极的方式思考问题；而成功者则往往信心满满地对待周围的人和事，他们相信自己的能力，相信自己并不比别人差，敢于挑战及面对客观事实，通常以积极主动的方式去思考问题。

只是由于不够自信，而只能眼睁睁看着机会溜走，实在是让人扼腕叹息。尽管周围环境会对自己产生很大影响，但即使你处于逆境之中也并不能一味地指责周围环境。归根结底，怎样开始自己的成功之路，怎样选择自己的人生，是由我们自己来决定的！

有这样一个"心灵之花"的故事，它发生在加拿大的一个小镇，镇上有一个从小失去父亲的女孩，她与母亲相依为命，过着贫寒的日子，她甚至从来没有穿过漂亮的衣服，更别提戴首饰了。她很自卑，觉得自己长得难看、寒酸，走路时习惯性地总低着头，害怕别人的眼光，她一直暗恋一个男孩，却觉得那个男孩永远不可能注意她，自己是那么普通而又平凡，任何一个人都比自己漂亮。

在她过17岁生日的那天，妈妈破天荒给了她20块钱，让她去买点她自己喜欢的东西。她很兴奋，一时想不起该买什么好，最后，她紧紧握着钱，来到商店，一狠心买下了那朵她渴望已久的漂亮的头花，售货员帮她戴在头上，对她说："看哪，你戴上这头花多么漂亮，像天仙一般。"她望着镜中戴着头花的自己，顿时神采飞扬，她说了一声谢谢，就转身兴冲冲地往外跑，不料在商店门口她隐约感觉到撞了一个老先生，可是她已经顾不上这些，飘飘然来到街上，她觉得街上所有的人都在看她，好像都在议论："瞧，那个女孩真是太美了，怎么从来不知道这镇上还有一位这么美丽的姑娘。"

她一直暗恋的男孩迎面走了过来，奇迹发生了，那个男孩竟然邀请她去参加舞会。女孩兴奋极了，她想干脆把剩下的钱再给自己买点东西吧，于是她又飘着返回商店，被她撞到的老先生拦住了他，说道："姑娘，我就知道你会回来的，看，你刚撞掉了的头花，我一直等着你回来取。"

是啊，漂亮的头花能够提升我们的自信，而自信的心灵之花一旦绽放，我们拥有的将是满园的花香。不难看出，拥有自信的女孩小小地实现了一把自己的愿望，我们相信，从此之后她会告别沮丧，信心满满地开始自己的人生之旅。

无论你经历过什么样的波折，心境有多沮丧，请不要气馁。其实，自信从来未曾离开过我们，只是被我们遗忘在了某个角落，等待你去唤醒它。让我们从点滴做起，循序渐进找回自信的那个你，告诉自己，我是最棒的！

相信自己，你一定能做到！那么究竟我们应该如何培养和提升自信，使我们在成功的起跑线上不落后呢？下面就介绍几种比较实用的方法，希望大家的生活变得更加丰富多彩。

1. 学习并精通一种技能

研究表明，具备学习能力的人通常都很自信，相反，真正自信的人一般也是因为相信自己的学习能力。当挑战面临的时候他们也并不畏惧，并不心虚，因为他们知道"大不了去学嘛"。耐心是学习能力的基础，而任何一种技能的学习过程都会让人懂得耐心的重要。具备耐心和学习能力的人会更加自信，只要精通了一种技能，则学习另外一种技能的过程就会变得更轻松——这是一种成功的良性循环。

2. 练就耐心、不断积累

自信的确需要培养，所谓的"培养"，即是说并非如坐高铁一般瞬时可达。所以，自信的培养最重要的前提就是要具备耐心，如若缺乏耐心就要先从培养耐心开始。三天打鱼，两天晒网，没有耐心的人就什么都做不成，更别提什么提升"自信"了。练就耐心，才会催生自信的萌芽。

再大再坚硬的石头也阻挡不了种子发芽，种子一旦开始发芽，那细胞的分裂尽管速度很慢但却毫不停歇永不终止。水滴石穿的道理谁都懂但又好像谁都不愿意去实践——处于起点的我们就好像是那一粒细胞或者一滴水，但大多数人希望自己在起点上就能长成一棵参天大树，这很不现实。要通过学习和实践历练，运用耐心去等待，长期积累之后才能获得更大的资本与力量。

3. 认知自己的短处

没有人是无所不能的，就算是学习能力再强的人也无法做到无所不能，因为精力有限时间不够，况且有些领域确实需要天赋。在自己确实不擅长的领域该放弃就要放弃——这没有什么不好意思的。该放弃的时候不放弃，不该骄傲的时候盲目自大，就会增加一个心理负担——一个沉重的、永远摆脱不掉的负担，最终，肯定会拖累自信。人们在自己的得意之处容易自信，失意之处就很难自信，认知自己的短处，甩掉不必要的包袱，能让你走得更远，做得更好！

4. 凡事做准备，练就从容的态度

提前做好准备，你会收获更多！一个人没有工作经验，缺乏实践，这是可以理解的，但是只要态度端正，努力去学习，不眼高手低，从自我做起，脚踏实地，扎住根，他的职业生涯就会枝繁叶茂。高声阔语也好，穿着正式也罢，最多让一个人外表"显得"自信，而非真自信。"坐在第一排"也许是近视眼，"走路快速"也许是贪睡了几分钟而赶车——这些都与自信没关系。做任何事情，提前做好了准备，想不自信都难。自信并不是自以为是，自以为是最终都会被现实砸烂的。中国人说"成事在天，谋事在人"，西方谚语说"上帝的归上帝，恺撒的归恺撒"，不要太依赖于运气，重要的是专心做好准备工作。

从容淡定是一种意境，凡人同样可以做到。我们不妨平时多培养一下自己的内在修为，尽量缓和自己的心境，比如听听轻音乐，看一些具有哲理的电影，多阅读有深度的书籍等方式，这样可以增强你的从容力。从某种程度上说，也能起到稳定情绪的作用。久而久之你会发现自己慢慢会变得自信且从容。

5. 关注你身边的人

人是社会中人，谁都希望得到周围人的关注、支持与关心，正如身边的人也希望支持他、关心他一样。关注你身边的人，你可以得到更多的资讯，也可以将你的能量适量发挥，自信就在不自觉之中培养。也许有人认为，朋友太多，不见得就是好事。因为关心和支持他都需要花费时间，然而，也就没有人分享他的生命。生活中，那些有两三个真正朋友的人，都会比较自信。

6. 不追求极致，敢于担当

极致和完美是美好的，但却不是轻易就能达到的。凡事追求极致和完美的结果只有一个：标准越来越低。生活中这样的例子屡见不鲜，很多圣男圣女（剩男剩女）就是这样炼成的。在这个不完美的世界里学会不完美地生存，是一种大智慧。能够认识到"不完美才是常态"的人才可能做到"不会无理由地自卑"。凭借着耐心和积累，加上正常的智商，就算做不到最好，也能做到自我满意，何必跟自己过不去？

有位哲人曾说："幸福程度取决于一个人能够以多 大程度上的

独善其身地在这个世界上独立。"这句话蕴涵着深刻的智慧。一个人能够凭借自身的能力在这个社会生存，清醒地认识自己，这样的人相对更加自信。一个不能够独立的人，往往就会沦为他人和社会的负担，没有人不讨厌不惧怕负担，一个依赖于他人的人怎么可能有自信呢？自信的人都能够负担得了自己，能够独立，自己的责任自己承担。

成功悟语

一个人能走多远、能飞多高，并不一定受限于他所属的环境，而是由这个人自身的态度所决定。要成功，就要做回自信的自我，不论遭遇何种情境，都要认识自我，相信自己是人生的主宰，在心灵中不断暗示自己："我是最棒的！"当自己的自信之花在心中慢慢盛开，当自己可以挺起胸膛昂首阔步在自己的人生旅途中，当自己靠着这份自信成就了属于自己的事业，一切的困难都不再是困难，曾经的担心变成了现在的动力，这一切的一切都在证实着一点，那就是"无论什么时候，都不要忽略了自信的力量"。

衣着装扮提升你的价值

俗话说得好，穿什么样的衣服体现你是什么样的人。现代社会，人总是要被人掂量、被人选择的。人们倾向于选择什么样的人作为合作伙伴和朋友呢？当然是性格随和、忠诚清白的人，但是选择的过程是漫长的，对于现在生活节奏飞快的人们来说，无疑是很奢侈的。那么，交际印象就成为主打，你的衣着装扮就是关键。

常言说得好，"人靠衣装马靠鞍。"如果你想给别人带来一个完美的第一印象，并成功地将自己推销出去，就绝对不能忽视自己对于外表的包装，不论在什么时候，什么场合，得体的装扮都会为你迎来众多欣赏的目光，羡慕的眼神，这一切的一切都注定了你推销策略的完美。

在与人交往时，你的衣着姿态并不是默默无闻的，它是一个人层次与地位的最直观体现。看看我们周围的路人吧，从他们的服饰中，你是否能看出他们的职业、个性、当前的生活状况和将来的潜力，应该不是很难吧。从某种意义上来说，一个人重视自己的衣着装扮，即意味着他决心改变自己的形象，改变他人对他的看法，从而从"印象"方面向别人进行着积极的推销。

衣着并非是名牌不穿，但是前卫的衣着装扮，是需要提升自身的品质的，衣着打扮太过了反而会给人留下"虚荣、浮夸、好大喜功"的印象，甚至有被人当成骗子的可能。最适宜的衣着装扮，是比你现有的身份提升一个格，仅仅是一个格而已，跨越步伐太大，难免出现根基不稳的状况。初涉职场的新人，可将自己装扮成公司的中坚力量；中层的管理者，可向上司的穿衣风格看齐；生意人可以装扮得精明干练，显示你的冲劲，站稳脚跟后，就可以穿得大气些、沉稳些，展示一下自己的品位与信心。上升要一步一个台阶地走，总有一天，你会成为自己希望中的那个模样。

一位美国著名的形象设计大师曾经做过一个着装实验。着装实验的目的是要论证：按照社会中上层人士的习惯着装，或按照社会中下层人士的习惯着装，人们将如何看待他们的成功率，将如何与他们相处共事。

着装实验分两部分进行。首先，他调查了近2000人，给他们看同一个人的两张照片。但他故意宣称，这不是同一个人，而是一对孪生兄弟。其中一个穿着社会中上层人士常穿的卡其色风衣，另一个穿着社会中下层人士常穿的黑色风衣。他问调查对象，他们之中谁是成功者？结果87%的人认为穿卡其色风衣的人是个成功者，只有13%的人认为穿黑色风衣的人是个成功者。其次，他挑选100名25岁左右的年轻大学毕业生，都出身美国中部中层家庭。他让其中的50名按照中上层人士的标准着装，让另外50名按照中下层人士的标准着装。然后把他们分别送到100个公司的办公室，声称是新上任的公司经理助理，进而检验秘书们对他们的合作态度。他让这些新上任的助理给秘书下达同样的指令："小姐，请把这些文件给我找出来，送到我的办公室。"说完后扭头就走，不给秘书对话的机会。结果发现，按照中下层人士标准着装的，只有12个人得到了文件，而按照中上层人士标准着装的，却有42个人得到了文件。显然，秘书们更听从那些比照中上层人士标准着装人的指令，并较好地与他们配合。

实验者从中得出了这样的结论：大多数人都是本能地以外表来判断、衡量一个人的身份和地位，进而决定自己对一个人的态度。在社会上进行交往时，一个人如何着装，将影响到别人对自己的态度、可信度和配合程度。

"人不可貌相"放在快节奏的生活情境中往往会发生偏差，以

貌取人成为大多数人最直观的取舍一个人的方式。改变自己在他人心目中的形象，从而改变他对你的合作态度，仅仅是因为衣着装扮。不要说你不在乎穿着，因为你现在还不是成功人士。不甘于平庸的年轻人们，要想成功，就得抓住一切有利的机会，改变衣着，就是给自己创造机会。

下面再来看这样一个故事。

中国香港企业家曾宪梓在创业初期，为了使他的领带走出街边货的低档次，他身背领带去一个高档的洋服店推销。服装店老板看他穿着一般，又操一口浓重的客家话，毫不客气地让他离开了。曾宪梓吃了闭门羹，只好打道回府。

回家后，曾宪梓反思了一夜，第二天早上，他穿着笔挺的西服，又来到那家服装店，恭恭敬敬地对老板说："昨天冒犯了您，很对不起，今天能否请您吃早茶？"服装店老板看到这位衣着讲究、说话礼貌的年轻人，顿生好感，由衷佩服并称赞他"将来定有出息！"从此以后，这家服装店老板和曾宪梓成了好朋友，两人真诚合作，促进了金利来事业的发展。

陌生人相见，你的衣着决定你的身价及品质，曾宪梓的领带终于走进了洋服店，得益于他爱思考和总结，第一次被扫地出门，是因为自己衣着太普通，随之地位也普通。第二次前往，考究的衣着让人的印象分大大增加，再加上彬彬有礼，与高贵的洋服装店的品质一脉相承，正对老板的胃口，成功概率大大增加。

一个人的服饰，跟他的表情一样，会将他的信息在第一时间传播开来，带来强烈的个人色彩。由此看来，如何塑造自我，往往取决于你如何装扮自我，只有将衣服穿到位，将话说到家，才能给对方一个良好的第一印象，有时候它就像一张与众不同的名片，总是能在瞬间帮你敲开对方的心门，同时为自己赢得一个展现自我的完美平台。

成功福语

不要小觑你的穿着，它将决定你的机遇。打造与自己身份、身价相符的衣着装扮，虽然要花费一些你的心思和金钱，但是投资的回报率会远远超乎你的想象。得宜的衣着，让人从心底重视你，让人不自觉地配合你，让活动跟着你的视线和思路而开展。你喜欢什么样的穿着风格是一回事，社会环境要求你如何穿着是另外一回事，处在人生的起步阶段，要想步入成功轨道，尤其要重视这个穿着规律。

第一印象价值百万

很多初涉职场的新人可能都知道，见到领导如果留下了不好的印象，今后的工作生活可能会让自己阴霾重重、心绪难宁。一个销售员第一次面对你的客户，如果衣着邋遢、谈吐不当，那么幸运之神的订单也不会轻易降落于他。不管做什么事情，不管面对什么样的人物，初次印象的好坏直接影响他对你的评价。渴望成功的人，都是在乎细节的人，他们会精心设计好自己的形象，修整好自己的言行，以最佳的状态和仪表出现于那一次会面的每一个不经意的瞬间。印象好，垂青你的机遇就更多。

如今这个时代，"30秒文化"无处不在，一个人可能会在3分钟内失去生活的勇气，一个人给别人的第一印象可能会在30秒内完成，一笔交易可能会因为一个灿烂的微笑而谈成。因此，在踏上成功道路之前，你很有必要花点时间学习一下塑造良好形象的技能，记住，你的形象价值百万。

第一印象并不是指初次见面过程中观察对方所得的印象那样简单，而是在接触的最初几秒产生的感觉，不要忽视这短短的几秒钟，它对你的自我推销走上成功之路有着很重要的影响。

第一印象价值百万，意指初次见面的一瞬间就足以决定胜败。如果你留给别人的第一印象是聪明、真诚、稳重的，即便是第二次见面时发生较激烈的争执，对方也会不自觉地把上次印象融合在一起而判断你是个工作很投入的人。相反，留给别人的第一印象是穿着随便、毫无气质、工作态度散漫的，再次见面即使是促膝交谈，对方也可能会认为你是固执己见、目中无人的人。

推销自己是件需要智慧和思考的事情，第一印象准备得充分，也就为成功埋下了种子。有研究认为，人们在面谈的前十秒内就大概决定了事情是否会办得顺利和成功。人们通常根据与一个人见面的前几秒钟所得到的印象，对他作出判断。第一印象良好，则会对双方的关系产生促进作用。相反，只能起到阻碍的作用。

一个人走进饭馆点了酒菜，吃完后一摸口袋发现忘了带钱，就对店老板说："老板，今天忘了带钱包，改日给您送来。"店老板连声说："不碍事，不碍事。"毕恭毕敬地将他送出了门。

一个无赖看到了这个全过程，他也进饭店点了酒菜，吃完后装作摸了一下口袋，对店老板说："老板，今天忘了带钱包，改日给您送来。"不料饭馆老板脸色一变，抓住他，声称非脱他衣服不可。无赖不服气，说："为何刚才那人可以赊账，我却不可以？"店老板说："人家吃菜时，将筷子在桌子上找齐，喝酒一盅盅地斟，斯斯文文，吃完掏出手绢揩嘴，是个有德行的人，怎么会欠我几个钱。你呢？筷子往胸前找齐，狼吞虎咽，吃上瘾来，脚踏上条凳，端起酒壶直往嘴里灌，吃罢用袖子揩嘴，分明是个居无定所、食无定餐的无赖之徒，我岂能饶你！"一席话说得无赖哑口无言，只得留下外衣，狼狈逃去。

在人际交往中重视自己的形象，讲究衣着装扮、动作与姿势，势必会为我们赢得优势。外表和行为，是我们品牌的外在表现，门面工程做得好，对方对我们的好感也会增加。见面时的动作姿势，是别人了解我们的一面镜。动作行为是一个人内在文化修养的外在体现。品德端庄、富有涵养的人，其行为及姿势必然优雅。低级趣味、缺乏修养的人，高雅的姿势是装子不出来的。在日常交往中，我们可以通过别人的动作、姿势来衡量、了解和理解别人，同样要思考如何做才能让别人更好地接纳自己。

刘邦赴项羽设下的鸿门宴。范增一直主张杀掉刘邦，宴会上因此暗藏杀机，范增一再示意项羽下令，但项羽却不为所动。范增令项庄舞剑为酒宴助兴，想趁机杀掉刘邦，紧急情势下，刘邦部下樊

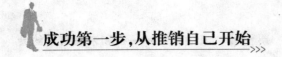

哙持盾剑闯了进去，前来阻挡的卫兵被力大无比的樊哙撞得东倒西歪。

项羽一看，一个虎背熊腰、武艺超群的壮汉闯了进来，立于大厅中央，便吃惊地问左右道："这是何人？"张良忙代答道："这是樊哙，他是给沛公驾车的。"项羽最喜欢壮士，看到樊哙，称赞道："好一个魁伟的壮士。"命人赏他一杯酒和一只猪膀，樊哙用刀切猪膀，就着酒狼吞虎咽，不一会儿就一扫而光，项羽见状就问道："你还能再喝酒吗？"樊哙回答道："我连死都置之度外，还怕喝酒，当年秦王不得民心，逼得天下人造反。怀王有约在先，如果谁先入咸阳，谁就是关中王，可沛公先入关，没有做王，而是封库闭宫远处驻军，等候将军到来。像这样劳苦功高的人，将军想要加害于他，这样做与残暴的秦王有什么区别？"项羽无言以对，刘邦乘机逃走，躲过了一场危机。

一个小车夫樊哙，为何会受到项羽的礼遇？因为项羽对樊哙的印象不错，听得进樊哙的话，放走刘邦也就不足为奇了。第一印象会给人留下烙印，第一印象不错，别人就乐于跟你进行第二次交往；否则，在第一次交际中表现不佳或很差，给人的印象往往很难挽回。新人求职时梳妆打扮、西装革履，既是对面试官的尊重，也是为创造良好的第一印象，为成功铺路。所以，要重视跟人打交道时的"第一印象"。

那么，怎样打造良好的第一印象呢？

1. 扬长避短

重视发挥自己的长处，他人就会喜欢跟你相处，并容易同你达成合作。因此，与人交往时要充满自信，并尽可能地扬长避短。

2. 适应不同情境

一些社交高手，会因情境、场合不同而调整自己的表现、形象。墨守成规的人不会给人留下深刻的印象。但要真诚，摒弃言行不一的不诚实的坏印象。

3. 心情放松

心情舒畅表现会更佳。不管有什么严重的事情发生，都要尽量放松心情，表现得轻松自如。应用些幽默，可以活跃气氛，吸引注意力。神色严峻、永远苦闷的样子是不受人欢迎的。

4. 眼神接触

眼睛是心灵的窗户，跟人对话不论是一个人还是一百个人，切记要用眼睛望着对方。有众多人在场时，要自然地举目四顾，微笑着用目光接触到所有的人。不必躲闪众人的目光，会使你的形象显得轻松自如。

成功悟语

"你看上去不成功，你就很难成功"，假如你的形象不能立即展示你的美好方面，给人留下美好、深刻的第一印象，也许你将要在日后花费更多的努力证明你的才干与智慧。在这样高效的社会中，有谁会愿意花费大量时间去考察他人内心的美好与智慧呢？可见打造美好的第一印象是多么的重要。

克服交谈障碍

人们在社会上打拼，必然要接触到一些陌生的环境和陌生的人物，将自己展示给众人，推销给你的目标客户，除了外在的衣着气质，最能显示个人素质的就是交谈这一基本的交流方式了。交谈的氛围好、主题明确、达成一致的认知，双方都能从交谈中获得愉悦感，那将是交谈的最佳效果了。交谈是推销自我的重要形式，为了最有效地推销自我，扫除交谈障碍势在必行。

在我们与别人交流的过程中，总是希望能够找到投机、友好的交流平台，只有这样我们才能更顺利地向别人推销自己，然而想找到这个平台谈何容易，有些时候由于各种各样的原因我们不得不去面对一些交谈中的障碍，这就需要我们开动自己灵活的脑筋，在最短暂的时间内克服这些障碍，扭转不利的局面，只有这样我们才能将自我推销更顺利地进行下去，才能让整个交流的氛围重新回到有利于自己的正轨中来。

由于交流的情境不同，交谈的障碍时有发生，它总是阻碍我们个人在推销自己方面的良好发挥。因此，要想扫除成功道路上的绊脚石，首先就得从克服交谈障碍开始。影响交谈的因素很多，比如没有利用非语言沟通的作用，以及沟通时心理环境的影响等。在我们生活中的交谈沟通中存在的障碍主要有以下几方面。

1. 对象不明确

目标没弄清楚，交谈就会出现问题。因此，在交谈前，我们一定要反复明确沟通的目标是谁，他的职务，他的喜恶等，知道得越多，对你就越有利。

2. 级别差异

即因地位差距造成的障碍，交谈双方身份平等，沟通障碍最小，因为此时双方都怀着自然的心态。但下属与上级交流时，往往会产生敬畏感，这便是一种心理障碍。因此，由上往下沟通比较快也比较容易，由下往上沟通比较慢也比较困难。

3. 以自我为中心

人们往往从自己的想法出发，不大乐意接受别人的观点，这种以自我为中心的倾向是交谈中很强的干扰因素。有时我们的所见所闻不一定就是对的，因此在交谈中一定要实事求是。

4. 认知有偏见

双方交谈中，只要一方对另一方存在偏见，或相互有成见，交谈的效果将大打折扣。按自己的喜好行事固然开心，但社会上各种性格、各种脾气的人都有，要达到成功就一定要有大度量，打消偏见与他人交谈。

5. 缺乏倾听

你摸不准对方表达的意图是什么，自然就不会与对方有效沟通。认真倾听，是一种成功者的起步姿态。

6. 反馈不及时

交谈的目的，是要做到双方均能互换信息、互通有无，相互了解对方的想法、立场及困难，找到平衡点，找到双方都能接受的解

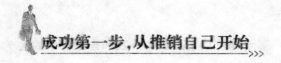
决方法。因此，交谈不但要清晰地传达信息，还要有及时的反馈，让双方都能真正理解彼此的意图。如果没有反馈或反馈不及时、不全面，就很难将自我成功地推销给对方。

7. 技巧缺失

交谈沟通技巧无疑为有效沟通插上了翅膀，加强沟通技巧在于不断地学习，不断地加以锻炼和改进，日积月累，效果就会显现出来。

某图书馆有两位读者吵了起来。管理员急忙跑去问："发生了什么事？"甲说："我要开窗，我需要新鲜空气。"乙说："不能开窗，我怕冷。"管理员说："开一半窗，好不好？"两人异口同声地说："不好！"管理员又说："你们其中一位到隔壁那间去看书，好不好？那边没人。"两人又同时说："不好。"管理员实在没办法了，就请来了图书馆主任。主任说："空气确实应该流通，也确实不能直吹冷风。"接着走到隔壁一间，拉开了窗子。便问："感觉到新鲜空气了吗？冷不冷呀？"两位读者都笑了。

这个故事说明了主任把握住了争吵双方的目的诉求，只要找到了双方的利益平衡点，问题也就迎刃而解了。掌握这一点还要注意认真倾听，明白对方最终的表述意图，不能断章取义，这是有针对性推销自己的重要一点。请看下面一则故事。

一天，一位美国知名主持人访问一名小朋友，问他："你长大后想要当什么呀？"小朋友立刻天真地回答："我要当飞机驾驶员！"知名主持人接着问："假如有一天，你驾驶的飞机飞到太平洋上空，所有引擎都熄火了，你会怎么办？"孩子想了想："我会先告诉坐在飞机上的人系好安全带，然后我挂上我的降落伞跳出去。"

节目现场的观众笑得东倒西歪，孩子的眼泪却夺眶而出，这让主持人感觉很奇怪，于是主持人问他："你为什么要这么做？"孩子说出了他真挚的想法："我要去拿燃料，我还会回来的！"

当你在听别人说话时，你是否真的明白了他的意思？假如没有，就请认真听他把话说完吧！只有听完你才可以发现彼此的目的诉求，你就会发现横在你们中间的是什么样的障碍，从而更利于你有效地解决问题。

影响交谈最重要的障碍当属羞怯心理了。紧张、羞怯的心理人皆有之，只是多少、轻重的问题，美国总统林肯演讲时也曾腿肚子直打哆嗦。只要正确地认识它，就一定能够克服。那么怎样克服交谈时的羞怯症状呢？

首先，要对自己充满信心，找回自信的自我，相信自己也会像别人一样能够侃侃而谈。说话脸红不会是长久现象，要自我鼓励：大人物说话时候都紧张得发抖，何况是我呢，不必担心，练一练就会好的。希腊演说家狄摩西尼斯小时候十分腼腆羞怯，说话时一紧张就口吃，常被同学们讥笑。为了克服这个毛病，他天天到海边面对大海苦练讲话，后来终于成了著名的演说家。我们要经常激励自己，不被外在的环境所束缚，相信自己还有巨大的潜力未被挖掘，珍惜自己的青春年华，奋发向上，实现自己的人生价值。

其次，寻找适合自己的行之有效的方法供训练用。最常用的是找自己熟悉、信赖的亲朋好友把心中的郁闷倾吐出来的宣泄法；在交谈前，想象自己交谈成功情形的想象法；把自己与交谈对方的身份拉平的平衡法；锻炼自己在大庭广众下交谈的强制法等。

总而言之，交谈的障碍是时有发生的，但是我们也应该坚信"方法总比障碍多"，只要我们不断地开动自己的脑筋，不断地改善自己，理解别人，不断地坚守住内心的自信，保持好与人交流的平衡线，就一定可以克服重重阻碍，实现成功推销自我的目标。

成功悟语

交谈是推销自己的重要利器，只要我们把自己摆正位置，加强自信心的培养和锻炼，无论身处何种境遇，无论与什么层次的人交谈，我们都能泰然处之。白岩松说得好，每个生命都需要表达。大胆地绽放自己吧，将自己的信念、想法、故事倾诉给现在的及未来的朋友们，人与人之间接触得越多，距离就拉得越近，交谈中的障碍越少，别人对你也就越容易产生好感。努力吧，你也会成为交际达人！

和气大方，"贵人"更容易对你有好感

有人说，随和就是顺从众议，不固执己见；有人说，随和就是不斤斤计较，为人和蔼；还有人说，随和其实就是傻，就是老好人，就是没有原则。这让我们的内心有些迷茫，究竟随和给我们带来的是懦弱还是福气呢？综观那些有影响、有地位的公众人物，他们都有一个共同的特点：心态随和、平易近人。由此看来，为人随和对渴望成功的人来说真的很重要，它代表着一种成熟，代表着一种从容，也代表着一种品位。和气的人受人欢迎，和气的人更容易推销自己！

人人都喜欢随和大方的人，因为他懂得倾听你的故事、尊重你的人格。自然而然，这种无声的推销让对方接纳了你。待人接物的和气是慢慢练就出来的，随着年龄的增长和阅历的增加，人会慢慢成熟，"脾气暴躁，尖酸刻薄，处事刁钻"虽让人心生厌恶，但这些戾气也会随着时间流逝渐渐消失。要让人喜欢你，这些品质是推销自己所必需的。

常人都说"和气生财"，和气让人心境舒畅、视野开阔。和气融洽的氛围更利于你自我推销。具体说来，和气讲究一个"忍"字。当你想发脾气时，当你想尖刻待人时，忍一忍吧，何必伤人呢？你肯定有所体会，当你伤害别人时，你同时也伤害了自己，搞得大家都不愉快。"宽以待人，严于律己"，个人的品行及修养要慢慢养成，祝你通过努力变成一个受人欢迎的人！

孔子曰："躬自厚而薄责于人，则远怨矣。"意思是待人处世时对自己责备多一点，对别人责备少一点，就可以远离冤仇。推销自己首先是修炼自身素养，重要的还有待人要大方，胸襟要开阔。为什么不拘小节、爽朗大方的人朋友多，除了性格因素，他们或许还明白，吃亏是福。你为别人做一点点小事，将来，别人可能会为你完成一件大事，这也是他们推销自我的智慧所在。

人都说买的不如卖的精，只有锱铢必较才会赚钱。在太行山里的一个小镇街头做理发生意的刘英锋却偏偏不认这个理儿，他不仅对顾客服务态度好，活儿也做得干净，还经常在顾客面前"摆大方"。

尽管刘英锋刚三十出头，可已做了七八年的理发生意。刘英锋是农民出身，深知农民来钱不容易，因此收费时总是随着顾客的方便，只要不多给，给多少便是多少；有时遇见没钱的或称没零钱的，干脆少收、缓收或免收；对儿童或学生，还给予特别优惠。对此，有人不理解，说理一个发少收一块钱，每天至少得少赚七八块钱，那一个月就损失三百多块……可刘英锋不管这些，他只觉得"和"能生财。他常说，做生意不能太斤斤计较，时间长了就会没人沾，就会被边缘化。再者，人都喜欢"小恩小惠"，你多少让点他高兴，干这一行，招的都是"回头客"，赚的也都是"回头钱"。你若不讨好他，等于失去了客户，断绝了"财路"。他算过这么一笔账，每人每月差不多理一次发，他若对你有了好感，就是每次少收个块儿八角的，只要他常找你，赚回来的还是多得多。

从这个成功的生意经可以看出，要想推销自己的生意，和气大方也是种大智慧。初出茅庐的新人，或者是涉世尚浅的人们，往往也面临着这样的困惑，人走茶凉，面对眼前的一点利益，是据为己有呢，还是与对方平分。平分或者让步，固然让自己损失一些，但多一点不会富裕少一点不会贫穷的小利益，损失的将是个人的品牌，还有朋友，甚至是成功。

如何使人变得心胸开阔，随和大方，让别人对自己产生好感呢？改变一个人固然是很不容易的，因为人生经历决定了其思想和行为，经历得越多就越根深蒂固。想靠一些方法和活动就能解决问题也是不现实的。然而人既是高级动物，而非铁板一块，有所改变是可能的，只不过不可一蹴而就，需要综合治理。下面介绍一些"炼己"的经验，朋友们可从以下几个方面加以锻炼，使之升华，增长更多的自我推销的特质。

1. 学会尊重人

推销自己首先要尊重别人。我们要切实认识到：人是世界上最宝贵的，每个人的生命都是同等的、无价的，并无贵贱之分，只有基于这样的认识，我们才能从根本上体会公平的意义，才能做到尊重人、理解人、帮助人。要知道，一个连人的意义都不能正确理解的人，自以为是地把人分为三六九等的人，是不可能做到心胸开阔、随和大方的。

2. 坚持远大的人生目标

推销自己是为了追求更大的成功，这是毋庸置疑的。每个人都有自己的人生梦想，只不过一些人仅仅是挂在嘴上，甚至想想而已，并没有真正一以贯之地落实在行动上，因此遇事仍然猥猥琐琐，小家子气十足。只有心存大目标，才能劲往高处使，不与琐碎小事较劲。所谓做大事者不拘泥于小节，就是这个道理。坚持高远的人生目标的方法是，"吾日三省吾身"，其实做到每日总结即可。

3. 加强责任心

一个人来到这个世界上，本身就具有一定的责任。只有以认真负责的态度去生活，才能获得生活所给予的报酬。以负责任的态度去做好工作，不仅是自己能力的表现，更能赢得他人的尊重，获得事业的成功，成就更高的人生目标。以负责任的态度去对待家庭，就能做到尽责尽力，就能提高家庭的生活素质。提高责任心的方法是做事情做好一件算一件，没有做好不放弃；暂时做不好的以后做，但绝不能不做。

4. 不计较眼前得失

古人有"塞翁失马，焉知非福"之说，要知道，眼前的损失，可能就是日后的报酬。何况，任何个人的状况总是比上不足，比下有余的。化比不足为奋进的动力，变比有余为助人之乐事。所以，遇事或自我推销不能总是从个人利益出发，要多从他人立场考虑。想通了，自己宽松，大家宽松。要有感恩的思想，助人的意识。

5. 提高对事物的认识能力

学好唯物辩证法，推销自己前先认清事物的真实状态。只有真正体会宇宙之宏大，他人之重要，个人之渺小，脸面之微薄，才能真正具有容人的雅量。

我们还要学好逻辑学，人在生活中必不可少地会遇到许许多多烦琐小事，这是谁都避免不了的。但关键在于我们能否辨别是非，分清主次，抓住要点，不为繁杂小事缠身。

成功悟语

一个人的好名声是可以众口相传的，这样可以带给你积极的广告名片；一个人的随和大方是可以感染人的，是可以起榜样标杆作用的，这样可以让你吸聚人气，不管是贵人还是伯乐，都会争相扶持你。敞开你的心扉吧，登高望远，唯有胸怀广阔，随和大方才能让你更好地推销自己，带给你不错的人缘。

真诚的态度，给人安全舒服的感觉

当我们年少的时候，曾向往巧舌雄辩、特立独行的风范，而长大了真正这样做的时候，却给人留下了不够稳重的印象。常说态度决定一切，你的态度正确与否，直接影响着目标对象对你的反映。给人留下好感，真诚的态度必不可少。换位思考一下，顾客宁愿选择笨口拙舌但句句实话充满真诚的实习销售员，也不愿相信巧舌如簧但假话连篇的老销售员，因为，真诚的人让顾客放心。别以为真诚就会吃亏，人们都渴望真诚，他们需要安全和舒服的感觉。

将自己成功地推销给你的目标客户，不论你长得美与丑，衣着高贵还是平凡，谈吐流利还是啰唆，真诚，是打动对方的第一要素。

一个虚伪的人不会赢得真正的朋友，在事业上也不会得到必要的帮助。尽管只有利益的取舍，但他所得到的，也只能是冷冰冰的数字。拥有广阔的人脉更利于成功。但是，朋友并不会无缘无故地为你提供帮助，只有当你成为一个他们所欣赏和赞美的人，他们才能热情地、无私地帮助你，使你摆脱困境。

有的人吹嘘其朋友无数，可是，到大难临头，朋友便各自飞散。那么这种局面究竟是怎么导致的呢？究其原因，朋友们并不是真心欢迎这个人，只是表面的，而不是从内心赞美他。因为他没有用真诚的态度去打动人，而是过于注重形式，给别人一种不能信任的感觉。而那些能够抓住朋友的心，赢得别人尊重的人，常是那些以人格的力量、诚挚的态度对待朋友的人。

常听到一些人如此抱怨："哼，他不关心我，我为啥要关心他呀？"也常听到一些人感叹："世事艰难，人情冷漠，很难被人们关心和理解"。不难看出，多数人都将责任推卸到他人头上，对他人求全责备，从不从自身找问题。殊不知，生活就像一面镜子，你对别人不真诚，见到人不理睬，冷冰冰地对人，不关心他人的痛痒，却又想他人真诚、关心、理解、热情地对你，实在是有悖情理。

一位培训大师曾说过："一个人只要对别人真诚，在两个月内就能比一个要求别人对他真诚的人在两年之内所交的朋友还要多。"确实，如果我们只对自己真诚，而对别人不真诚，是不会交到朋友的，更别说将自己推销出去了，这个道理很简单明白。

美国有线电视新闻网有位名叫拉里·金的著名脱口秀主持人，在纽约的布鲁克林区出生，10岁时父亲就病故，从此靠着公众救济长大成人。他从小便向往广播事业，所以从学校毕业后就到迈阿密一家电台当管理员，经过一番努力才坐上了主播台。他成名后写了一本有关沟通秘诀的书叫《如何随时随地和任何人聊天》，文章里提到了他第一次担任电台主播时的经历：

那天是一个星期一，我准时走进了电台，心情紧张得直打哆嗦，于是不断地喝咖啡和开水来润嗓子。上节目前，负责人特地前来为我加油打气，还为我取了个艺名："你就叫拉里·金好了，既好念又好记。"

从那一天起，我得到了一个新的工作、新的节目与新的名字。

节目开始了，我先播放了一段音乐，当音乐播完，我准备开口说话时，喉咙感觉就像是被人割断了似的，居然一点声音也发不出来。结果，我连播了三段音乐，仍然是一句话也说不出来，这时，我才沮丧地发现："原来，我做专业主播的能力还很欠缺，或许我根本就没有胆量来主持节目。"这时，负责人突然走了进来，对垂头丧气的我说："你要记住，这是个沟通的事业！"听到负责人这么提醒，我再次努力地靠近麦克风，并硬着头皮开始了我的第一次广播："早上好！很抱歉，我这是第一天上电台主持节目，我一直希望能上电台……尽管已经练习了一个星期……15分钟前我的上司给了我一个新的名字，主题音乐我已经播放完了……但是，现在的我却口干舌燥，十分紧张。"当我结结巴巴地说了一长串，只见负责人不断地开门提示他："这是项沟通的事业啊！"终于鼓足勇气开口说话的我，似乎信心也被唤回来了，这天，我终于实现了梦想，也踏上了通往成功的道路！

我广播生涯的开始显得很尴尬，此后，我不再紧张了，因为第一次广播经验告诉我：只要将心里的话说出来，你的真诚就会感染周围的人。

真诚不代表老实，它是一种成功的素养。文中王牌主持拉里·金并没有刻意地掩饰自己的紧张，一旦他将自己的所想所做如实地表达出来，向听众真诚地袒露心迹，内心也就如释重负了，听众尽管对蹩脚的主持稍有意见，但他们的内心所感受到的真诚的气息，也会对新手给予鼓励和支持。资历尚浅的我们何尝不是这样呢。

真诚是自我优秀品质的外在表现，真诚是打开他人心扉的钥匙，真诚是推销自己的高档名片，让我们把握好真诚的火候，让我

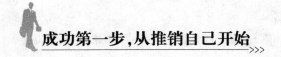
们用自己的心去贴近对方的心,当你真真正正做到与别人坦诚相待,相信对方一定能够感觉到你所给予的那份安全和舒服的感觉。

成功悟语

真诚是成功者的品质之一,待人真诚,也就是为自己的前途铺路。不要跟比自己厉害的人物玩虚假,你的一举一动和目的意图他们了然于心。不如拿出一颗红心,暴露自己的优缺点也不怕,起码能换回身边的人的理解和好感。正如生命本身就是一张空白的画布,随便你在上面怎么画,你可以将痛苦画上去,也可以将幸福和快乐画上去,这全看自己用什么样的态度去涂画自己的生活和学习。选择真诚,就是选择了推销自己的最好方式,这样会让你的贵人感到安全和舒服!

发现自己的魅力

在这个世界上,很多人过于留意他人,而忽视了自己。其实我们常常需要发掘自己的潜力和魅力。对自己认识得越充分,对自己的优势应用得越好,你离成功就越近。也许你相貌普通,可一旦微笑,就能折服众人,仅此一点,也是你的小魅力。要成功推销自己,首当其冲推销的就是自己的优点和魅力,只有他人赞叹你的优点,折服于你的魅力,他们才能够欣赏你、帮助你,最终成就你。

　　人的魅力无所不在：笑的魅力、语言的魅力、神态的魅力、身体的魅力、性格的魅力、发怒的魅力、忧伤的魅力、哭泣的魅力等。大多数时候，我们就是在推销自己的魅力！

　　对于一个人是否具有魅力而言，凭直觉、不假思索得出的结论与深思熟虑、细细揣摩后得出的结论同样准确持久。魅力能吸引他人对你付出更多的投资，包括感情上的、物质上的、精神上的等。我们的魅力需要岁月的沉淀，需要挥别那浮华喧嚣的气息。而不断追求成功的人的魅力则需要在人生的征程中不停地发现、发现、再发现！

　　不要因为自己出身寒门而自惭形秽，也不要因阅历浅薄而故步自封，更不要因为暂时没有成就而不去关注和发掘自身的魅力！你的魅力就是你的宝藏，只有发掘他们，才能让你的人生闪光。很多人没有成功就是因为在不能展现自身魅力的领域盲目劳碌，而成功的人却是刻意地扬长避短，将自己的魅力无限地放大。

　　发现自身的魅力让人更接近于成功，魅力一旦闪光，自信便随之而至，自信有了你就拥有了积极主动的动力，一旦行动，那么距离成功也就不会太远，即使稍有失败，也是为了给成功铺就道路。这是一条良性循环的道路。起点不错，等于成功了一半。

　　也许你的幽默常逗得人哈哈大笑，也许你的书法令人眼前一亮，也许你的球技胜人一筹无人能敌，也许你心细如发能够检查出隐藏很深的数据错误，也许你歌喉圆润常常博得掌声一片。自己一心争取，社会却不给舞台，那是天妒英才；技艺在身，自己却不开发不利用，那是自我埋没。每一个想成功的人，都不会想输在起跑线上。

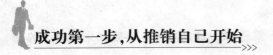

发现自己的魅力，发现自己的人生！

有一个穷困潦倒的青年，流浪到巴黎后，他很期望父亲的朋友能帮助自己找到一份谋生的差事。"数学精通吗？"父亲的朋友问他。青年摇摇头。"历史、地理怎样？"青年还是摇摇头。"那法律呢？"青年窘迫地垂下头。

父亲的朋友接连发问，青年只能以摇头告诉对方——自己连丝毫的优点也找不出来。"那你先把你的联系方式写下来吧。"对方准备送客了。

青年写下了自己的住址，转身要走，却被父亲的朋友一把拉住了："你的名字写得很漂亮嘛，这就是你的魅力啊，你不该只满足找一份糊口的工作。"数年后，青年果然写出享誉世界的经典作品。他便是家喻户晓的法国18世纪的著名作家大仲马。

上述故事中，大仲马的优点和魅力幸亏是被父亲的好友发现，肯定和鼓励，让他发扬优点成就了自我。那么，芸芸众生里的我们呢，就要积极地发掘自己的魅力，使劲地寻找自己的长处，推销自我，找到卖点。看看我们的卖点吧，也许你善良、忠诚、守信、效率高，或者是精通某项技能、人脉较广，再或者就是形象气质好，等等，凡是利于在大众中脱颖而出的、奋起直追的能力都算是我们的魅力所在。

在英国有一个名叫艾可森的小男孩，由于他有着憨呆的长相，言谈、行事都迂阔笨拙，同学们将其视为笑柄。他常常把课堂搅成一锅粥，老师也对他无可奈何，认为他身上没有任何优点，更无发展前途，甚至他的家人也怀疑他不是弱智就是痴呆，艾可森也知道自己身上的缺点很多，但他发现自己的表演才能却无人能及，他表演的滑稽剧常常逗得老师和同学捧腹大笑。直到有一天，一位著名的喜剧导演发现了他，艾可森的即兴表演让这位导演惊叹不已，他赞扬艾可森是不可多得的喜剧表演天才，他立即邀请艾可森和他合作。艾可森扮演的是谁呢？喜剧电影《憨豆先生》一炮走红，其中憨豆的扮演者就是艾可森。现在，艾可森的表演已经被多数人肯定，艾可森也凭借自身的优点成为了世界知名的喜剧表演艺术家。

上述故事说明一个人的优点能够改变一个人，甚至能够改变他的一生，所以我们要善于发现自己身上的优点。在别人眼中，艾可森的调皮捣蛋、喜欢搞怪是缺点、是笑柄，而艾可森却能积极地肯定自己，发现自己的魅力所在。展现你的魅力，做好成功经验的积累，伯乐兴许就会提前到来。

自信积极、微笑乐观可以提升你的魅力。很多心理学家讲，一个人有没有积极的生活态度，是他的人生能不能成功的重要标志。

魅力非常重要，有句格言这样说，人格魅力、性格魅力是男子真正的外貌；对于女性来说，人格、心理素质的魅力比外貌更重要。只要我们找到属于自己的那份与众不同，就一定能够在今后的人生中展现自己特有的精彩，并将这种独有的精彩推销给你想推销的任何一个人，最终使自己获得更多的仰慕和尊敬。

成功悟语

魅力是自己人生殿堂里的太阳，光辉耀眼、滋养万物。那么我们发现了自己的魅力和优点后应该怎么办呢？那就利用它吧！我们

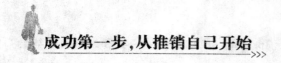

有一句话叫善用优点、增强自信、改变人生。一个人的优点能改变这个人,甚至能改变这个人的一生,把自己的优点发挥得淋漓尽致,这样你会发现自己并非一事无成。有了自信,才会对未来更有兴趣,生活才会更加充实。现在就让我们行动起来,去发现自己身上更多的魅力吧!

第二章

信息传递
——用行动赢得好感

　　要成功推销自我，我们就要从生活细节上塑造有层次、有品位的形象。陌生人第一次见到你，能否产生好感，在于他对你的观察。你的衣着装扮、言行举止、习惯动作、消遣方式，这都是对外信号传递的内容。他们在清楚地为你下定义，你是谁、你的社会地位、你的生活状态、你是否具有发展潜力。在各种场合，用你最"妥善"的言行推销你自己，才能最大限度地赢得对方的好感，赢得自己的成功！

肢体语言表达更深刻

或许你会有这样的体会,同样一句赞美的话语,声情并茂地说出来,对方会欣喜有加,而面无表情地说出来,则会让对方心情复杂。所以说提高你的吸引力,不在于说些什么,而在于你怎么说。一个较好的姿势、更生动的肢体语言则会让你更具有吸引力。人的表情会说话,人的表情比语言更能表露你的心声,肢体语言是一种辅助语言,它能够使你的表达更生动精彩,更加吸引人。

人在社会上经历久了就会发现,在人们的接触交往中,得体的谈吐,优雅的肢体语言,被视为身份、气质的象征。不论你身在办公室,还是宴会厅,无论是在高尔夫球场,还是在谈判会上,你的肢体语言已经悄然地和别人进行交流了。人们通过你的站姿、坐姿、神态、表情、目光、告别的姿势等来认识并分析你,那种无声的却很丰富的语言无时无刻不在告诉人们你是谁、你有什么心态、你是什么职位、你的生活态度、你的性格等。大多数人相信肢体语言在揭示人的内心世界方面比语言表达更能表露心声。

肢体语言可以展示我们自己,向别人推销一个全新的自我,消融我们之间的距离,可见,肢体语言是多么的微妙!美国作家威廉姆·丹福思评价肢体语言的重要作用时说:"一个昂首、挺胸、放平双肩、收腹的人在我面前经过时,他对于我来说是一个激励,我也会不由自主地站直。"

因此，很多大牌人物都会把肢体语言的培养当做一项重要的功课，正是这种良好而有意的训练，才造就了他们优雅的举止。

2006 年在圣彼得堡举办的 G8 峰会上，各国领导人在举行圆桌会议的间隙，德国女总理默克尔正专心地和意大利总理普罗迪讨论问题。这时美国总统布什离开自己的座位，不出声响地走到默克尔座位后。突然，布什将双手放到毫无防备的默克尔肩膀上，并开始对其进行颈部按摩。

默克尔被布什突如其来的意外举动吓了一跳。她一缩肩膀，接着挥舞双手似乎表达着不满，布什尴尬地回到了自己的位置。没过几秒钟，当默克尔意识到美国总统是在为自己按摩，只好露出勉强的微笑。

经媒体报道，此举在德美两国引起轩然大波。美国的《纽约时报》深度解读了布什总统此举所蕴涵的潜台词，被称为是布什的"按摩外交"。

这个故事里，政治家的肢体语言反映了高层人物重要的信息传递，也即"标志性解读"，人们透过他们不同寻常的举动，哪怕是握手这样简单的动作也能找到暗藏的政治信息。政治家对肢体语言可谓是充分利用，在不同的场合，它们不但可以巧妙地帮助政治家们解决问题，又能突出自己的强势，不过应用不好也会惹人生厌。

李小姐刚刚毕业不久，一次在参加某外资企业的招聘时，面试官示意她将椅子挪近一点坐，她没有过多留意，搬动椅子时发出了刺耳的响声，结果她因此失去了这份工作。事后，李小姐颇有感触地说："应聘前，我已经把应聘中可能发生的细节全都想到了，不仅衣着整洁干净，自荐材料也制作得精美，回答问题时也是干净利落，但万万没有想到面试官要我挪椅子也是一种考法。"

与李小姐失败案例相反的是，张先生同为大学应届毕业生，在应聘中，就很好地把握了这一点细节，事后他绘声绘色地总结说："应聘毕竟同谈判不同，不能用眼睛逼视对方，这样会使对方产生一种戒备和不舒服的心理，不利于双方坦诚地进行交流和沟通思想。因此，面试中，眼睛通常只盯住主考官鼻尖下方到嘴唇上方的那个部位最佳。这样，面试官在说话时我能够集中注意力去听，并能够快捷地调动思维，做到准确及时地回答问题；而且我的表情不会有所拘谨，可以始终保持自然，再不时配以真诚的微笑，表示我对他所说的话能够理解和认可，结果我们之间谈得很融洽，应聘很顺利。"最后，张先生应聘成功。

这个故事告诉我们肢体语言在应聘过程中的重要性，在面试时要格外注意每一个细节。许多刚踏出校门的毕业生是第一次求职，面试时因为紧张，表现出了类似腿抖、手抖、说话带颤音的肢体语言，千万不要忽视这些细节，因为它同样会关系到你的求职成功与否。肢体语言对求职的影响非常大，我们要加以注意好好利用它，克服不良的肢体语言，不要让这些细节成为自己求职道路上的拦路虎；充分利用积极的肢体语言，让它成为我们自我推销的一个良好助手。

肢体语言的重要性要求我们必须得掌握好它，如果你不知道从何开始，不妨学习一些肢体语言的常识。

1. 倾听时，把手放在脸颊上——评估和分析对方所说的话。

2. 手托住下巴——正在考虑。

3. 双手指互对并指向上方——展示出自信。

4. 双手掌互贴——说服你，请求你。

5. 眼睛迅速上挑——对你所讲的内容很感兴趣。

6. 双手互搓——积极参与。

……

有时轻轻地拍拍肩，用力握住对方的手等，这些细节动作都能使对方备感亲切。尤其是对方比自己年长，或者对方是自己的主管时，如果你想要好好地把自己的思想传达给对方的话，那么，你应该站在对方的正面稍微斜一点的地方，如此便能缓和紧张的气氛，使谈话得以顺利进行。注意一些细节可增进信息的有效传递，以下办法可改善你的肢体语言。

1. 尽量保持眼神交流，不要盯着别人。

2. 与交谈对方保持一定距离，双脚不要紧闭，显得有自信。

3. 不要跷二郎腿或双手环抱在胸前。

4. 让肩膀放松。

5. 当别人在发表意见，目视对方轻微点头可表达对演讲者的尊敬。

6. 不要弯腰驼背，它显示你作风懒惰。

7. 微笑、幽默笑话让对话环境更轻松。

8. 不要不停地触摸自己的脸，这只会让你觉得紧张。

9. 保持双方的目光平视。目光躲闪，或目光集中在地上，会给别人一种不信任的感觉。

10. 放慢行动或说话速度可以让你冷静，减轻压力。

11. 改变坐立不安的状况。

12. 尽量将手放在脚的两侧,而不是保持在胸前,否则会让听者觉得你显得拘束。

13. 要保持从容的态度。

成功悟语

有活力、有感染力的肢体语言会帮助你提升对话、演讲的表现力,最大力度地推销自己。不论是在面试、升职或担任高层管理者的过程中,肢体语言独特的作用不可替代。所以改进你的肢体语言,如同注意你怎样说话一样去注意它,你的影响力将得到迅速的提升!

正确的坐姿传递非凡的气质

优美、正确的坐姿可以提升自己的气质,而不凡的气质正是推销自我的有利法宝。而生活中,人们往往不重视自己的坐姿,也并不是自己感到舒服的坐姿就是好坐姿。职场中人,坐姿应与自己的身份结合起来。作为一个新人,尤其是成功起跑点上的新手,更应该把基本素质练习好,培养更多的好习惯。气质形象好了,向别人顺利地推销自己还会很困难吗?

近些年来，众多职场人士越来越对职场礼仪有所看重。坐姿作为形态礼仪中的一种，往往代表着你的职场形象。专家指出，职场中许多朋友，尤其是女士忽视或者干脆并不重视坐姿，不雅难看的坐姿实在影响着我们的形象。经过艰苦卓绝的努力，却输在一个不起眼的细节之上，这是令人扼腕痛惜的。

正确的坐姿能够培养气质，正确的坐姿不光是上身挺直，而且要收腹，下颌也要微收，两腿要并拢，膝关节高出髋部会更好。也就是说，坐在有靠背的椅子上时，应该按上述姿势的要求并尽量将腰背紧贴在椅背上，只有这样腰骶部的肌肉才不会受损。长时间坐对下肢的肌肉不利，应隔一两个小时活动一下，以松弛下肢肌肉。

王成大学毕业后，几次都与就业机会失之交臂。这天，他按照报纸上的信息，去了一家用人公司求职，没想到公司原定招聘8名员工，前去报名的却有好几十人。当王成填好了表格，耐心排队等候公司领导面试时，有一位员工模样的人过来对他们说："我们的老总还有两个小时才会来这里。请大家在会议室自己的座位上休息一会儿，那边有报纸杂志大家可以翻阅，但必须保持安静。"那人交代完就出去了，大家一听说这样，原先安静的会议室就活跃开了。有的人发牢骚："叫我们来面试，他却不守时。"有的人站起来在会议室左右走动，有的人旁若无人地开始抽烟，有的人跷起二郎腿，有的人三三两两开始聊天，有的人东倒西歪以舒服的姿势打起了瞌睡……王成等几个人正襟危坐拿了本企业杂志安静地翻阅。

一个小时过去了，原先那位员工进入会议室给王成在内的几位坐姿整齐、保持安静的应聘者分发了下一轮考试的表格。其他人这才发现，关于坐相以及耐心的这次"特殊考试"让他们落选了。

坐姿是内在素质的体现, 拥有良好素养的人必定能够从职业的、优美的坐姿里反映出来, 也会受到用人单位的青睐。王成等人在这轮考试里, 其实只赢在了细节上。一个坐相不雅、东倒西歪的人, 很难令人对他产生好感。当今职场, 坐姿可以产生一种气度, 代表着你的信息传递。

我们还可以从职场坐姿洞察别人的心理, 比如重重地坐下去的人, 此时的心情一定是烦躁的; 轻轻地坐下去的人, 此时的心情一定是平和的; 侧身坐的人, 此时的心情除了舒畅外, 还希望此时此刻为自己保留一份安静的心理空间; 在你面前猛然坐下的人, 其内心或隐藏着不安, 或有心事不愿告诉你; 双腿不断相互碰撞或不断地拍打地板的人, 此时一定有什么事使他紧张和焦躁; 喜欢与你对着坐的人, 是由于他希望能够被你理解; 斜成一个半躺姿势或深深坐入椅内, 腰板挺直头高昂的人, 是由于他在心理上对你有优越感; 把身体尽力蜷缩一堆, 双手夹在大腿中的人, 是由于他的心理上对你有劣势感, 等等。

那么, 什么样的坐姿才是正确的呢? 让我们一起看看培训师们的一些建议吧。

电脑已是当今所必需的工作平台, 正确操作电脑, 最主要的是要保证坐着时整个脚掌要落地。可以适当地调节工作桌、椅子, 或者使用脚垫。如果是使用脚垫, 那么脚垫的宽度要能足够使腿可以自由活动。还要经常伸展腿部改变腿的姿势。坐1小时要站起来离开工作桌稍微走动走动以使整个人放松一下。注意不要将限制腿部活动空间的箱子或其他物品放置在桌下。

形象礼仪培训师指出, 作为一名追求独立自强的现代职场人士，尤其是职场女性，坚持下述几种坐姿，能帮你提升自己的气质，职场女性则会成为仪态万千的真美人。这几大正确坐姿分别是：

正确坐姿一

坐下时不要离椅子太近。首先，要用眼看你与椅子间的距离，不能靠得太近，不然就会坐落整个椅面；也不能离得太远，否则就会落空而跌坐在地上。

错误坐姿：入座时离椅子太近了。这样坐下时很容易碰倒椅子导致发出声音，并且臀部会完全落满椅子而且还可能会靠到椅背上，这是很不礼貌的。

正确坐姿二

保持后背挺直，笔直坐下。先目测好合适距离，保持上身直立的同时慢慢放低身体。注意只坐椅子的前三分之二部分，这样身体的重心刚好在大腿上面，可以稳定双腿。如此坐下，可以牢牢保持身体的姿态。

错误坐姿：向前哈腰，容易走光！坐下时背部弓着或是上身向前倾，以保持身体平衡，然而，这样的姿势是不优雅的，这样的动作还可能有后臀部和胸前走光的危险。

正确坐姿三

既能够保持身体活动自如又可以随时变换身体姿势就要坐椅子前端三分之二处，因为这样才能表现出优雅的坐姿。同时背部肌肉也要绷紧，与地面垂直成 90°角，双膝并拢，大腿与小腿垂直，双手交叉放在膝盖上面，双脚并拢自然地踏在地板上。

错误坐姿：全身松软，无精打采地完全靠在椅背上，这样你也

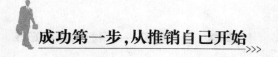

许会舒服些,但是非常不雅。正确的坐姿关键在于保持上身直立,才能彰显你的气质。

正确坐姿四

保持上身挺直,脚自然下垂,头部端正,目视前方。脚尖要面对正前方,侧放时,也要让两脚尖处不要超过肩的外侧,如果伸得太宽太长就难保持上身直立了。

错误坐姿:两腿叉开,两脚脚跟着地,脚尖朝上,摇荡抖动不止。这种姿势非常难看,会给人留下缺乏教养、懒洋洋的印象。

千万不要小看你的坐姿,它给别人传递的信息十分丰富,胜过你的千言万语。推销自我,记得要从细节做起。要想让自己更职业、更干练,就尝试摒弃那些不良的坐姿吧,坐得端正,做事更加高效,人也会神清气爽、精力集中。重视我们的坐姿,为了健康,更为了成功。

成功悟语

当今礼仪类知识越来越被重视,人们对基本的坐姿都懂得,也相当重视。渴望成功的我们,只有将细节一步步捋顺开来,才会将自我的气质提升。在入坐、端坐的整个过程中,会有不同的身体姿势变换,难看的坐姿往往就出现在不经意的小细节中,细节决定自己形象的成败,千万不可小觑!

眼神传递你的诚恳与自信

人们常说，观其眼神以观其人，这种说法准确度很高。眼睛是灵魂之窗，通过它窥探人内心的秘密。人生就如一场场面试，一"目"了然。就如女士修眉描眼一样，我们也亟待训练自己专业的眼神，以眼神为传递点，准确地将自我正确的信息传达给他人。推销我们的诚恳与自信，除了在行动上表现之外，眼神交流则是一个重要的渠道。目光的接触，也是在推销和甄别之中相互作用。

在我们的生活中，很多人已经意识到眼神的重要性，所以特意做双眼皮睁大眼睛，一心想装扮得精神炯炯，结果却搞得眼大无神、空洞无物；有些人看似轻松，皮笑肉笑眼睛却很空洞，结果内心的慌乱被眼神出卖；生活节奏不规律、熬夜起早的年轻人，无论如何装扮，也未必能掩盖他眼白里的红筋和眼角那些未老先衰的粗糙坑纹；有些人谈话时目光躲闪，你便知晓他有事在掩饰，心里有鬼；有些人有着会笑的眼神，你便感觉很舒服，也感受到他的真心真意，言行合一；有些人看着眼神发亮，你便知道他积极向上、豪气冲天、无怨无悔。

眼神很难装扮出来。面试时，少经世故却要装模作样的年轻人，最容易被眼神出卖。有人建议面试时要直望考官，与人攀谈时，不能左顾右盼，要有眼神接触，这当然是基本礼貌，但眼神很容易露出马脚，他们是否有信心呢？是否机灵？是否真心？阅历很深的人基本上能够一眼看出。

向他人推销自己，若是干巴巴地背诵台词，眼神空洞无光，那么对方无论如何也提不起了解你的兴趣。修饰自己的眼神，让它积极、乐观、向上，才会感染人、打动人。

有的时候，人们需要的常常只是一席暖心的话。美国的一个知名人士曾说过这样一件事：

一个寒冷的晚上，在弗吉尼亚的一条大河边，一位老人在等待着骑手带他过河，寒风中，他的胡须已经结了一层冰凌。等待似乎永无止境，冰天雪地中，他的身体渐渐地麻木和僵硬了。他忧心忡忡地看着过往的骑手。第一个骑手经过时，他没有起身引起骑手的注意。马沿着冰冻的路面奔跑着逐渐远去，蹄声均匀而急速。第二个、第三个都这样过去了……当最后一个骑手经过老人坐的地方时，老人已宛如一个雪人，他看着骑手的眼睛，吃力地说："先生，你不介意带一个老人过河吧？我已经找不到路了。"骑手勒住马，回答说："当然，上来吧。"看到老人冻僵的身体已经不可能自己起身，他随即下马扶老人上马。骑手不仅带着老人过了河，还把他送到了目的地。当他们到达老人温暖的小屋时，骑手好奇地问："老先生，前面几个骑手经过时，您没有请他们带您，然而我经过时，您却立刻请求我，我觉得很奇怪，这究竟是为什么呢？在这样寒冷的冬夜，您为什么情愿等待并请求最后一个骑手呢？如果我拒绝，您怎么办?"老人从马上下来,直视着骑手的眼睛说:"我想我的直觉不会骗我。我看看他们的眼睛,就能立即知道他们并不关心我的处境,请求他们帮助是没用的。可是在你的眼神里,我看到了友善和同情。我相信,在我需要帮助时,一个善良的人会给予我脱离困境的机会。"一番发自内心的话触动了骑手。"非常感谢您刚才所说的,"他告诉老人,"我以后绝不会只顾忙自己的事,而忽略他人需要的帮助和同情。"说完,他掉转马头转身离去。

这个骑手就是美国历史上著名的总统托马斯·杰弗逊,而他当时要去的地方正是白宫。

这个故事正是说明了当你想了解对方的意图和行为意识时,请关注他的眼神。前几个骑手也许只想着自己的事情,只顾朝着目标前进,而忽略了他人的处境。而一个友善的人,时刻注意周围是否有人需要帮助,将自己的诚恳与善意表达出来,在那样一个寒冷大风雪的困难处境里,也能给别人信赖和希望,带去鼓舞人心的力量。

同理,将自己推销给你未来的上司,或者是人生的贵人,你积极的眼神、渴望进取的眼神,他人无法逃避。为什么很多高学历的人没有应聘成功,而偏偏激情四射、眼睛里透着奋发劲头的人却被录用,正是他重视眼神礼仪。那么眼神礼仪需要注意些什么呢?

一个人的爱憎、喜怒哀乐,甚至性格、气质,都会从眼神中表现出来。在情感的表现和信息的交流中,眼神的表达能力是语言和手势所不能替代的。无怪乎"眼神美"一直是古今中外哲学家、美学家、文学家、诗人们所共同关注和赞美的焦点。

眼神是否柔和，是否让人看着舒服，是推销自我过程里重要的一点。如果你能掌握相关的技巧并加以应用，那么，无形中，你成功推销自己的概率就会大大提高！以下建议希望对你有用。

1. **注视的角度**

仰视的时候——表示尊重、敬重对方。多用于晚辈对长辈、下级对上级之间。

侧视的时候——位于对方侧面时，面向并平视对方，若为斜视对方，则为失礼。

平视的时候——常用于在普通场合与身份、地位平等的人进行交往。

2. **注视的时间**

表示轻视——目光经常游离对方，注视的时间不到全部相处时间的1/3。表示重视——应不断把目光投向对方，占全部相处时间的2/3左右。

表示感兴趣或有敌意——目光长时间盯在对方身上，偶尔离开一下，注视时间占全部相处时间的2/3以上，可以视为有敌意或者也可以表示对对方感兴趣。

表示友好——应不时注视对方，占全部相处时间的1/3左右。

3. **注视的部位**

注视额头——表示严肃、认真、公事公办。

注视唇部到胸部——多用于关系密切的男女之间，表示亲密、友善。

注视双眼——表示自己重视对方。

注视眼部至唇部——表示友好、亲切。

眼神的传达力和感染力需要时间的历练和培养方可造就，人们从眼神里读懂你的积极面，但首先自己是个积极乐观、有冲劲的人。在与人的交往中，有意地提高自己眼神的灵动性，不管是喜怒哀乐，你的眼神会因此而优雅、传神。你要想成为什么样的人，就先得从眼神开始训练，有毅力的人，眼神就要透露坚定；有思想的人，眼神就要透露活力，等等，就让我们对着镜子开始训练吧！

微笑开启沟通的大门

微笑有着不同的含义，对不同的交往对象，应使用不同含义的微笑，传达不同的感情。比如面对长者应该是尊重、真诚的微笑，面对孩子应该是关切的微笑，面对自己心爱的人则是开心、暧昧的微笑，等等。相逢一笑泯恩仇，微笑是你征服对方的有力武器，也是顺利推销自己的可靠工具。微笑，代表着和谐、包容、开放，代表着热情、友好和温暖，让我们用微笑开启自己成功沟通的大门吧！相信它一定会给我们带来更多的收获和惊喜。

微笑可以说是一个人最好的名片，要推销自己，就一定要尝试着用微笑征服对方。德国一位名人曾经说过:"当生活像一首歌那样轻快流畅时,笑颜常开乃易事;而在一切事都不妙时仍能微笑的人,才活得有价值。"

微笑是一种最简单,但却很有效的沟通技巧。作为极具感染力的交际语言,它能迅速缩短你和他人的距离,并且还能传情达意。微笑是你开启成功大门的钥匙。

2010年广州亚运会开幕式刚刚结束时就有网民发帖说:"三位领导嘉宾在开幕式上致辞,让全国人民都认识了这位最幸运的女孩。幸运的是,她在开幕式直播现场中出镜时间竟然有三位领导时间之和,真可谓是亚运'微笑姐'"。

这个身穿白色衬衣、黑色外套的礼仪志愿者就是吴怡,她的灿烂笑容在央视荧屏持续近20分钟,网友大赞"实在有东方之美"。

微笑对人的感染力是最直接的。如果你善于运用微笑,那么将会有意想不到的效果。旅店帝王希尔顿开始创业的时候举步维艰,他的母亲鼓励他,你要寻找到一种容易简单、成本低廉而行之长久的办法去招徕吸引顾客,才能成功。希尔顿最终找到了,那就是微笑!凭着"今天你微笑了吗"的座右铭,他走上了成功之路。还有这样一个故事。

一位在报社任发行总监的朋友,他每次外出拜访客户时,总要在衣袋装上自己的名片。他的名片上面除了姓名和联系方式外,没有标注任何头衔,只加了一行醒目的字:"你微笑,世界也微笑!"每当名片递出的时候,对方总会对他报以会心的微笑。这位朋友原先是搞印刷行业的。当时,他的事业做得很大,在整个省城,一提到他的企业，同行中无人不知。这位朋友头脑灵活，经商有道，社交场合更是应付自如、左右逢源。但不管做什么，抑或在什么场合，他总是绷着一张脸，不苟言笑，对待员工更是如此。时间一长，员工们背后都称他为"铁面老虎"。在他的厂子办到第五个年头时，企业出现了危机，厂里近一半技术骨干纷纷跳槽了！他发现了这一危机，立即采取了一系列挽救措施，如提高员工的工资和福利待遇、改善食堂伙食等。可是，一切努力都不见成效。两年后，他不得不把自己辛辛苦苦经营了七年之久的企业抵押出去，还了银行贷款。那段时间，是他一生中最灰暗的日子。

他沉默了许多天，常常是一个人面对着河水痴痴地想。一个月后，他给我们打来电话，说他已经走出了破产的阴影，决定重新创业，并已成功地应聘到一家晚报搞发行。他在电话里强调说，他找到了上次创业失败的症结所在——缺少微笑。于是，他特地印制了全报社独一无二的"微笑名片"，外出搞发行时也是春风满面。微笑，成了他给客户的第一印象。短短 8 个月的时间，他就把业务搞得红红火火，发行报纸 20 万份！对于竞争日益激烈的报纸行业来说，这个数目绝对是惊人的！报社老总慧眼识英才，破格提拔他为发行部的总监。

微笑可以力重千钧，一抹真诚的微笑，成就了故事主人公第二次创业。微笑是什么？微笑是机遇，它是真诚的问候，它是朴实的简介，它又是自信的代表。职场中，它送出的是礼貌的春风。懂得礼貌的人，微笑之花才会永远绽放在他的脸上，才会使与他接触的人感到亲切而愉快。朋友交往中，微笑送出的是温和的秋阳。

很多秘不外传的"创业诀窍"也许你不一定得到，而微笑的法宝，则是公开、通用的成功法则。

那么，在人际交往与沟通中，如何微笑才能够开启沟通的大门呢？

1. 笑得自然

微笑让人际沟通更加融洽，微笑是美好心灵的外在表现，发自内心的笑才会笑得自然，笑得亲切、美好、得体。但我们在推销自己时不能为笑而笑，更不能装笑。

2. 笑得真诚

笑代表着不同的含义，一个笑容代表什么意思，是否真诚，人的直觉能敏锐地判断出来，人对笑容的辨别力是非常强的。因此，当你微笑的时候，一定要真诚。一个真诚的微笑，会让对方感到温暖，引起双方的共鸣，使彼此陶醉在欢乐融洽之中，友情更加深厚。

3. 笑的程度要适合

微笑时过分地夸张和缩小会让人心存芥蒂。向对方表示一种礼节和尊重的最好方式还是微笑，推销自己时我们可以多微笑，但不能时刻微笑。恰到好处的微笑是令人舒服的，如当对方看向你的时候，你可以直视他微笑点头；对方发表意见时，你可以一边听一边不时微笑。如果不注意微笑程度，微笑得放肆、过分、没有节制，就会有失身份，引起对方的反感，自己的形象也会大打折扣。

4. 注意沟通场合

不同的沟通场合要注意微笑的取舍，一般情况下，微笑使人觉得自己受到欢迎、心情舒畅，如果微笑不分场合就会适得其反。如当你出席一个庄严的集会，去参加一个追悼会，或是讨论重大的政治问题时，微笑是很不合时宜，甚至招人厌恶的。因此，推销自己时，不要因为太注重微笑的外表而忽略了场合。

成功悟语

人心都是一面镜子——你对它微笑，它也会对你微笑！当你天天由衷地微笑时，你会发现整个世界都在向你微笑！微笑的魅力无限，是其他手段无法替代的。在人际交往中，微笑能够传递感情，沟通理解，增进友谊，获取慰藉。不会微笑的人，也许拥有地位和金钱，却很难得到内心的宁静和幸福。一个渴望成功的人，微笑着面对这个世界，你将会收获很多！

握手，让礼节和热情体现自己的风度

在一个小小的礼仪活动中，握手，可以让对方更细致地了解你，使你更得体地表现和推销自己，是我们在社交中不可忽视的一个关键环节。如何对待握手，正是你交际态度的反映，握手的力量、姿势与时间的长短往往能够表达出握手双方的个性与态度，从而给对方留下印象，也可通过握手了解对方的脾气禀性，从而赢得交际过程中的主动。因此，握手的技巧对于推销自己来说是不可不学的一课。

一旦握手，就意味着双方均有诚意促进合作和增进了解。握手已经成为我们生活中初次见面时惯用的问候方式，这看来似乎普通的问候方式却直接影响着你在他人心中的印象，方式得当则会显示你的风度，给人留下良好的印象，反之亦然。在一些场合下，在你伸出手之前，也许你应该衡量一下自己：我是一个受欢迎的人吗？对方见到我究竟是会高兴地与我握手呢，还是只是因为迫于无奈而勉为其难呢？因此，握手也要讲究对象和礼仪。

而握手也能告诉人们对方的一些信息。比如，有研究说明一个人的握手方式是相对不变的，而且与他的人格有关，握手有力的人比握手时轻描淡写、畏畏缩缩的人要自如、开放，性格中更少见神经质、敏感和害羞。一般来说，男人比女人握手更有力，那些自由、智商高、性格外向的妇女多半也握手有力，比轻轻一握的女人更容易给人留下深刻印象。但对男人而言，也有相反情况，很多开放型的男人不那么重地握手，则比那些不那么外向的男人给人留下更弱的印象。

这一研究结果对于女性的自我推销策略非常重要，对女性而言，表现出与男人相似的自信和行为方式是积极有效的，尤其在商务洽谈和招聘面试的时候，一个有力的握手可能会给人留下良好的第一印象，而且不会带来其他因为自我推销而引发的诸多微妙反应。

而在面试时，握手是很重要的一种肢体语言。外企把握手作为衡量一个人是否专业、自信、有见识的重要依据。坚定自信的握手能给招聘经理带来好感，让他认同你是懂得行规、礼仪的圈内一分子。

可见握手是很有学问的，美国著名女作家海伦·凯勒说："我接触的手有的能拒人千里之外；也有些人的手充满阳光，你会感到很温暖……"

小王是某公司的销售人员，平时为人热情，总是积极主动地与顾客交流，亲自上门与顾客建立联系，但令他百思不得其解的是半年来依然业绩平平。一次，小王坚持要跟着销售主管公关一个大客户，而这个大客户是出了名的"难啃的骨头"，见到小王和销售主管到来并未表现出太大的热情。此刻，小王本能地想要热情地冲上去伸出手问候对方，但销售主管拉住了他，并向大客户点头致意，不紧不慢地介绍此次拜访的目的，并详细介绍了产品性能和用户反馈意见。只见大客户居然认真倾听起来。小王心里一阵嘀咕。20分钟后，销售主管和大客户谈兴更浓，很快一个销售大单成交了！

直到手拿大单，小王还有些糊涂其中成交的奥秘。其实，原因也很简单，尽管握手已经成了人们初次见面的一种问候方式，但握手并不是一种普通的问候方式，而且是一种颇为讲究的社交技巧。小王以为自己主动热情地握手是对客户的尊重，但他不知道未经对方邀请的情况下与客户主动握手会给客户带来一种被强迫的感觉，甚至会被认为是粗俗鲁莽的行为。因此，假如对方并没有任何握手的意思，那么销售人员最好用点头致意的问候方式来代替握手。

从上面的故事不难看出，握手还是要讲究礼仪的顺序和情境的区别的，涉世尚浅的人们，切勿在交际中"随意"地握手。恰当和适宜的握手，将会让你事半功倍，反之则让你输得很惨。而真正与人握手的时候，就要饱含真诚，用力适中，将你的气度体现出来。

那么，行握手礼的正确姿态动作是什么呢？一般情况下，是自己面向对方，两脚靠拢，头部微低，上体前倾约 15°，右手拇指与其他四指分开呈 65°角，四指并拢，掌心微凹，自然舒缓地伸向受礼者，把住对方伸出的右手，在其手掌的较高部位轻度而结实地一握。

握手时还应该掌握力度，既不能用力过大，也不可绵软无力，时间太短或太长也不合时宜。握手时应该摘下手套，不要叼香烟或咀嚼以示尊重。

握手的顺序一般遵循"尊者决定"的原则，主人、长辈、上司、女士主动伸出手，客人、晚辈、下属、男士再相迎握手。如果位尊者主动伸手与位卑者相握，则表明前者对后者印象不坏，而且有与之深交之意。

握手的方法一般是：一定要用右手握手；要紧握双方的手，时间一般以 1～3 秒为宜。当然，过紧地握手，或是只用手指部分漫不经心地接触对方的手都是不礼貌的。被介绍之后，最好不要立即主动伸手。年轻者、职务低者被介绍给年长者、职务高者时，应根据年长者、职务高者的反应行事，即当年长者、职务高者用点头致意代替握手时，年轻者、职务低者也应随之点头致意。和年轻女性或异国女性握手，一般男士不要先伸手。

握手时，年轻者对年长者、职务低者对职务高者都应稍稍欠身相握。有时为表示特别尊敬，可用双手迎握。男士与女士握手时，一般只宜轻轻握女士手指部位。男士握手时应脱帽，切忌戴手套握手。握手时双目应注视对方，微笑致意或问好，多人同时握手时应顺序进行，切忌交叉握手。

由此看来，握手里面的学问还真不少，我们只有真真正正地掌握了其中的精髓，才能使自己在未来的社交道路上走得更顺利，才能在推销自己的旅程中展现出一个最优秀的自己。握住对方的手，意味着握住一个巨大的机遇，能否长久，与你能否将握手第一个环节把握住了。

成功悟语

握手意味着进一步交往的开始，追求成功的人们少不了拓展你的人脉，而是否能给新的事业伙伴留下初步美好的印象，就在于与你握手的一刹那了。彬彬有礼且不失风度的握手，会将你的潜力和魅力完美的展现。优雅的握手不仅让人有安全感，还能带给人身心舒畅的感受，更重要的是，它会让人觉得可以信任。

摘下冷漠的面具，用热情和自信感染周围人

人是社会性的产物，你的一言一行会深刻地影响着周围的人，即你的言行决定着他们对你的态度，如果你面若冰霜独来独往，那么周围的人大多也会对你不冷不热漠不关心，而你一旦表现出极大的热情与自信，广泛地参与到同事、朋友们的社交团体中，关心他

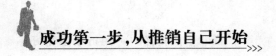

们的事情和话题，你就会很快地被人熟知，甚至被人视为同路人。

一位名人曾说："从古至今，没有任何一件伟大的事业不是因为热情而成功的。"事实上，这不是一段美丽而单纯的话语，而是通向成功之路的路标。

态度决定一切，当你用热情和自信积极地向他人推销自己时，多数人会被你的激情所感染而接纳你，尽管你还稚嫩，还有很多缺陷。对工作同样如此，当一个人对自己的工作充满激情的时候，他便会全身心地投入到自己的工作之中。这时候，他的自发性、创造性、专注精神等，对自己工作有利的条件便会在工作的过程中表现出来，他就能够把工作做到最好。

在我们的日常生活中，你会不可避免地和陌生人接触，给人留下好的印象之后，其他场合就需要你主动热情地与人交流了。在你参加一个饭局或者在其他场合的时候，你只有热情才不会被冷落，才会找到共同话题，更快地与他人打成一片。

威廉·怀拉是美国一位享有盛名的职业棒球明星，40岁时因体力不济而退出体坛。他盘算着，以自己的知名度去保险公司应聘推销员，应该不会有什么问题。可事与愿违，人事部经理拒绝道："怀拉先生，做保险这行必须笑容可掬，但你做不到，很抱歉我们无法录用你。"面对冷遇，怀拉的热情未受丝毫影响，而是像当年初涉棒球场那样从头开始苦练笑脸，由于每天都要在客厅里放声大笑几百次，因此使邻居一直认为他失业对他的刺激太大，以至于神经紊乱。此后，他干脆把自己关进厕所里练习。

一个月后，怀拉再去见经理，当即展开笑脸。然而得到的是冷冰冰的回答——"笑得不够!"

怀拉没有悲观失望,他到处寻找搜集有迷人笑脸的名人照片,然后贴在居室的墙壁上,随时进行揣摩模仿,还购置了一面与自己的身体一样高的镜子,摆在厕所里,以便训练时更好地检查自己。一段时间之后,怀拉又来到经理办公室,露出了笑容。"有进步,但缺少吸引力。"经理的态度好转了一些。

天生倔脾气的他回到家里继续苦练起来。一次,他在路上遇见一个熟人,一边自然地笑着,一边打招呼。对方惊叹道:"怀拉先生,几周不见,你的变化真大,跟以前相比你真是判若两人!"听完熟人的评论,怀拉充满信心地再去拜见经理,笑得很开心,"你的笑有点意思了",经理指出,"表面很像但缺少耐心,离真正发自内心的笑还差很远。"

他不气馁,再接再厉,最后终于如愿以偿,被保险公司录用,这位昔日棒球明星严峻冷漠的脸庞上,绽放出发自内心的婴儿般的笑容。他是那样的天真无邪,那样的讨人喜欢,令顾客无法抗拒。就是靠这张并非天生而是苦练出来的笑脸,凭着他的热情与自信,最终怀拉成了全美推销寿险的高手,年收入突破百万美元。

这个故事说明,绝大多数人都喜欢和热情的人交流,保险的顾客同样是这样。而事业的成功,同样需要热情作动力。每个渴望成功的人都有热情,不同之处在于,有的人热情只有 30 分钟,有的人热情可以保持 30 天,而一个成功者却能够让热情持续 30 年之久。要想成就一番事业,离不开热情这个原动力。它能使人具有钢铁的意志和顽强的毅力,这两点正是成功者必备的个性心理品质,对于保持成功心理和继续创新活动发挥着重要的作用。正因为如此，在重重阻力和各种困难面前，怀拉都能百折不挠，笑迎挫折和失败，最终到达成功的彼岸。

如果你对一切都是一副冷面孔，那一切对你都会失去吸引力。没有热情，便难以继续投入；没有热情，便不会持久；没有热情，就不会走向成功。

热情和自信可以激发人的最大潜能。查尔斯曾说："一个人，当他有无限的热情时，就可以成就任何事情。"当你被欲望控制时，你是渺小的；当你被热情激发时，你是伟大的。托尔斯泰也曾说过："一个人若是没有热忱，他将一事无成。"在人际交往中也是这样，热情就是一种人与人之间的黏合剂。

大家在不熟悉的情况下都怕被拒绝，那是很没有面子的事情，因此，绝大多数人都喜欢和热情的人交流。你若渴望成功，请保持你的热情并拿出微笑，别人会减少很多的陌生感。热情如火，要让他人看到你的主动，感受到你的温暖。这时你就会赢得信任，和别人的交流就容易了。

在美国，流传着一个关于雷·迈克的故事。

他出生的时候，正是西部淘金热结束，一个发大财的时代与他擦肩而过。正巧，1931年的美国经济大萧条使雷囊中羞涩和大学无缘。后来他梦想进入房地产行业做番事业，当他终于艰难地打开局面，怎料第二次世界大战烽烟四起，房价急转直下，结果让他经营失败，为了谋生，他做过各种职业，如急救车司机、钢琴演奏员和搅拌器推销员等。就这样，几十年来低谷、逆境和不幸始终伴随着雷·迈克，命运一直不眷顾他。

雷·迈克屡遭打击和挫折，但热情依旧，执著追求。1955 年，年过半百的他回到家乡，卖掉了家里少得可怜的一份产业。这时，雷·迈克发现迪克·麦当劳开办的汽车餐厅十分红火。经过一段时间的观察，他确认这种行业很有潜力。那年，雷·迈克已经 52 岁了，对于多数人来说这正是准备退休的年龄，可这位门外汉却决心从头做起，到这家餐厅打工，学做汉堡包，麦氏兄弟的餐厅转让时他毫不犹豫地借债 270 万美元将其买下，经过几十年的经营，麦当劳现在已经成为全球最大的以汉堡包为主食的公司，在国内外拥有 1 万多家连锁分店。据统计，全世界每天光顾麦当劳的人至少有 1800 万。雷·迈克被称为"汉堡包王"。

又是一个老当益壮且有志不在年高的故事，雷·迈克的创业历程给人以深刻的启迪。生活处处有磨难，关键在于人的心里怎样看待它，是否能够承受得起。无论身处何种境地，只要有热情，有自信，有眼光，有勇气，起步就不会晚，成功的路就在脚下，宽广的路是为充满乐观心态、热情自信的人准备的。

"一个人如果缺乏热情，那是不可能有所建树的。"作家拉尔夫·爱默生说："热情像糨糊一样，可让你在艰难困苦的场合里紧紧地粘在那里，坚持到底，它是在别人说你不行时，发自内心的有力声音——我行！"大师们已经为我们指明了道路，就让我们以开放的态度，热情地敞开心扉吧！

成功悟语

热情是一种巨大的力量。从心灵内部发出，驱动我们奔向光明的前程，激励我们将沉睡唤醒，发挥出无穷的才干。人际关系中，面带微笑会让别人感到愉悦，并且可以拉近和陌生人之间的距离。并且你主动热情地找到了话题，大家就可以顺着话题说下去，大家也不必再费尽心思地去找合适的话题了。当然，你很有可能成为谈话的引领者，这对你的推销自我大有裨益。

控制情绪，掌握主动权

推销员在推销自己的时候，总是笑容满面、和气待人的，相反，在你情绪不佳的时候与人交往，势必会影响双方的沟通效果。人们在动怒的时候，常不忘反复提醒自己："冲动是魔鬼，谁碰谁后悔。"提醒自己让情绪降温，以便掌握正确处理问题的主动权。都说机遇仅在几秒钟，如果当时抓不住那很有可能一辈子也抓不住了。成功推销自己最需要的不是冲动，而是不管外界有着怎样的变化，还能尽量克制自己，不因外界干扰而影响成功大局。

渴望成功的人们，尤其是初涉职场的人，我们没有多少资本和时间负担因情绪失误而造成的后果。你的情绪，严重影响着自我推销的效果。都知道冲动是魔鬼，可是我们总是会被这个魔鬼左右，不论你是因小事和同事怄气，还是渴望一步登天拿出自己多年积蓄投进股市的时候，头脑一热做出来的事情总会让我们为之付出惨痛的代价。而当灾难降临的时候，自己的脑袋就开始一片空白，发誓立志以后再也不会犯同样的错误了。其实，有时间进行自我忏悔是幸运的，有些冲动还有可能让我们再也没有时间忏悔。人们常说："天下没有卖后悔药的。"确实是这样，为了让自己以后少后悔，做事之前还是要理智一些，要学会克制自己的欲望。只有这样我们的生活才能趋于安定，我们的人生才会少一些风险，以便你腾出时间做更有利于成功的事情。

有一次，成吉思汗带着一帮人出去打猎。他们一大早便出发，可是到了中午仍没有收获，只好意兴阑珊地返回帐篷。成吉思汗心有不甘，便又带着皮袋、弓箭以及心爱的飞鹰，独自一人走回山上。烈日当空，他沿着羊肠小道向山上走去，一直走了好长时间，口渴的感觉越来越重，但他找不到任何水源。良久，他来到了一个山谷，见有细水从上面一滴一滴地流下来。成吉思汗非常高兴，就从皮袋里取出一只金属杯子，耐着性子用杯去接一滴一滴流下来的水。当接到七八分满时，他高兴地把杯子拿到嘴边，想把水喝下去。就在这时，一股疾风猛然把杯子从他手里打了下来、将到口边的水被弄洒了，成吉思汗不禁又急又怒。他抬头看见自己的爱鹰在头顶上盘旋，才知道是它捣的鬼。尽管他非常生气，却也无可奈何，只好拿起杯子重新接水喝。当水再次接到七八分满时，又有一股疾风把水杯弄翻了。又是他的爱鹰干的好事！成吉思汗顿生报复心："好！你这只老鹰既然不知好歹，专给我找麻烦，那我就好好整治一下你这家伙！"

于是，成吉思汗一声不响地抬起水杯，再从头接着一滴滴的水。当水接到七八分满时，他悄悄取出尖刀，拿在手中，然后把杯子慢慢地移近嘴边。老鹰再次向他飞来，成吉思汗迅速拿出尖刀，把鹰杀死了。不过，由于他的注意力过分集中在杀老鹰上面，却疏忽了手中的杯子，因此杯子掉进了山谷里。成吉思汗无法再接水喝了，不过他想到：既然有水从山上滴下来，那么上面也许有蓄水的地方，很可能是湖泊或山泉。于是他拼尽气力向上爬。他终于攀上了山顶，发现那里果然有一个蓄水的池塘。成吉思汗兴奋极了，立即弯下身子想要喝个饱。忽然，他看见池边有一条大毒蛇的尸体，这时才恍然大悟："原来飞鹰救了我一命，正因为它刚才屡屡打翻我杯子里的水，才使我没有喝下被毒蛇污染了的水。"成吉思汗在盛怒之下杀了心爱的飞鹰，明白了事情的真相后后悔莫及。

成吉思汗因为一时的冲动，误会了自己爱鹰的意思，误杀了自己的救命恩人，尽管事后后悔莫及，可是真的已经没有挽回的余地了。它时时刻刻警示着我们，在自己有了冲动想法的时候，还是先别急着采取行动，否则轻则伤感情，付出金钱，重则有可能搭上自己性命也说不定。人生就是这样，有些事情冲动了，可以弥补，而有些是怎么做也弥补不了的。作为追求成功的人，莽撞的行为是行事的大忌，不管什么时候，什么地方，什么情况下都应冷静地把事情考虑清楚，才是你要做的最重要的事情。

每个人都有冲动的时候，尽管它是一种很难控制的情绪。但不管如何，你一定要牢牢控制住它。否则一点细小的疏忽，就可能会贻害无穷。具有理性控制力的人，总是能表现出一种涵养和心态。"逆境顺境看襟度"，这"襟度"就是涵养，有涵养好，涵养过人尤好。"世上闲言碎语，一笔勾销"，这就是良好的心态，心态良好，就不会去计较那些鸡毛蒜皮的小事，相反，他们会给自己更多的时间去思考、去判断。遇到问题的时候他们的眼光并没有拘泥于现象，而是关注于事情的根源，也正是因为这个原因，他们很少会在自己的决断上发生错误，总是能以一种平和坦然的心态面对自己的生活。推销自己也是一样，在我们与人交往中往往会遇到各种脾气的人，这时候就要学会控制自己的情绪，不要让自己的坏脾气占了上风，否则冲动过后，很有可能给自己带来追悔莫及的后果。

大部分成功者，都是对情绪能够收放自如的人。这时，情绪已不仅仅是一种情感的表达，更是一种重要的生存智慧。假如控制不住自己的情绪，随心所欲，就可能带来毁灭性的后果。情绪控制得好，则可以帮你化险为夷。

能够成功推销自己的人，他们做什么事都会深思熟虑，从不意气用事，他们知道冲动的后果只能是让自己失去朋友，失去贵人对自己的信心。当你感觉自己的判断并不是很准确或者没有得到事实证明之前，一定要耐心等待时机，进一步考虑斟酌，千万不要草率行事。当心境更加成熟，做事更加沉稳的时候，我们离成功也就不远了。

成功悟语

在没有十足把握之前，稳定一下自己的情绪，这才是保护自己的最佳手段。这个世界上诱惑很多，让我们愤怒的事情也很多，这些事情总是纷纷扰扰地纠缠着我们，成为了一种有害的元素，深入

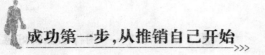
到我们的身心,刺激着我们冲动的欲望。当这种欲望的火苗不断地向上蹿动的时候,请记着为自己泼一盆冷水。作为执著追求成功的人,你绝对有这个抑制力克制住自己内心的激动和愤恨。不管什么时候,请记住这句话吧!"冲动是魔鬼,谁碰谁后悔。"

第三章

亮出自己
——初入社会，塑造个人品牌

　　个人品牌的塑造离不开"推销"，个人品牌之所以能引起大众的兴趣，与你和你的目标人群有关。其实创建品牌的过程，就是与你的目标人群建立沟通的过程，目的可以更好地确立你的个人品牌在人们心中的影响。只有当人们相信并理解你能提供给他们生活工作中需要或者在意的重要东西时，他们才会做出反应，与你产生联系。如果你提供的东西对他们来说有意义，那么你就会获得更多支持的力量，这种力量将成为你获得更大成功的巨大推力。

面试时推销自己

不管你情不情愿，最终你都会离开校园，或者是离开家乡踏上求职的道路，不会再有父母、师长来包容和庇护你了，怎么样通过推销自己，以求得一份饭碗，在这社会上自食其力，这是很关键的一课。也许是历练不深，惊慌的心态、错误的印象、笨拙的答问会让我们丑态百出，没关系，重新再来！机会是给有准备的人的。

面试"第一问"当属自我介绍了，求职者从自我介绍和与面试官的一问一答的交流中推销着自我。而在自我介绍中，面试官借机考察应聘者的背景，以及语言表达能力、应变能力等，应聘者也可以主动向面试官推荐自己的优点，展示其适应企业的才华。面试时每个求职者的时间是有限的，求职者如何"秀"出自己呢？该做哪些准备？有什么问题值得注意？希望以下事例能给大家一些启示和帮助。

在校时曾是学生会主席的小李很健谈，经常是出口成章，对自我介绍，他自认为绰绰有余不在话下，所以他从来不准备，看什么人说什么话。他的应聘目标是地产策划，一次应聘本地一家大型房地产公司，在自我介绍时，他大谈起了房地产行业的走向，由于跑题太远，面试官不得不提醒他把话题收回来，自我介绍也只能"半途而止",面试官对他的印象也是大打折扣。

常说未雨绸缪有备无患,故事中的案例提醒我们要想成功地推销自己,就要在面试时预先设定几个问题,以备自我介绍时突出自我,最大化地推销自己。自我介绍的时间一般为三分钟,在时间的分配上,第一分钟可以谈谈学历等个人基本情况,第二分钟可谈谈工作经历,对于应届毕业生而言可谈相关的社会实践,第三分钟可谈对本职位的理想和对于本行业的看法。如果要求在一分钟内完成,那么自我介绍就要有所侧重,突出重点,兼顾其余。

在实践中,求职者除了介绍一下自己的姓名、身份,其后补充一些有关自己的学历、工作经历等情况,还要抓住机会展示自己的优势。而不是半分钟就结束了自我介绍,然后望着主考官,等待下面的提问,这样只能是白白浪费了一次向面试官推荐自己的宝贵机会。而有些求职者则试图将自己的全部经历都压缩在这几分钟内,这也是不现实、不明智的做法。合理地安排自我介绍的时间,突出重点是首先要考虑的问题。

小莹去应聘某媒体,面试在一个大的会议室内进行,六人一小组,围绕话题展开自由讨论。面试官要求每位应聘者先作自我介绍,小莹是第二位,与前面求职者一句一顿的介绍不同,她早做了准备,将学校和实习期间所做的事,写了一段话,还作了一些修饰,注重韵脚,讲起来有些押韵,朗朗上口。小莹的介绍很流利,但美中不足的是给人背诵的感觉。

面试中的自我介绍可以事前准备,也可以事前找些朋友演练模拟,而一旦出现书面语言的严整与拘束,就很影响面试效果。面试

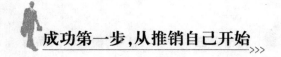

时，需要使用灵活的口头语进行语言组织。切忌以朗读背诵的口吻介绍自己，如果那样的话，对面试官来说，将是无法忍受的，也会认为你没有自我主张。自我介绍时还要注意声音，尽量让声调听起来流畅自然，充满自信，才会感染面试官。

小李去应聘电视台某栏目的文案编导，面试时，对方首先让他谈谈相关的实践经历。小李所学的专业虽说是新闻传播类，但偏向于纸质媒体，对电视节目制作这一块实践还很欠缺。怎么办？小李就将自己平时参加的一些校园活动说了一大通，听起来挺丰富，但面试官没有听到与电视沾边的地方。

求职者只有有针对性地投其所好摆成绩，且与现在应聘公司的业务性质有关，胜算的概率才大些。在介绍成绩时，需注重说的次序，应该把你与应聘职位相关的事情，和最想让面试官知道的事情放在前面，且这样的事情往往是你的得意之作，也可以让面试官留下深刻的印象。

小李应聘一家文化公司，他的文采被面试官看重，当面试官问他是什么学历的时候，小李的虚荣心使他将本是大专学历说成了本科，结果报到第一天他并不能提供本科学历证明，公司领导非常遗憾地对他说：我们需要有才能的人，学历倒是其次，但最重要的是，你要讲真话。小李万分后悔地离开了心仪的公司。

与面试官交流时，重要的是实话实说，方显你的真诚。要想成功，还要推销个人的优点和特长，还可以别出心裁地使用一些小技巧，如可以介绍自己有哪些项目经验以证明具有某种能力，也可以适当发表对项目的见解，或引用别人的言论来支持自己的描述。但无论使用哪种小技巧，都要坚持以事实说话，少用虚词、感叹词之类。吹嘘自夸一般是很难逃过面试官的眼睛的。至于谈弱项时则要表现得坦然、乐观、自信。

王宏某大学毕业后，带着憧憬南下广东。由于自己是一名专科生，在研究生成堆的人才市场里，王宏的自信心有点不足，面对面试官常常表现出怯场的情绪，有时很紧张，谈吐不自然。他也明白这种情况不利于面试，但却找不到方法来调控自己。

面试时要带着坦然的心态，心情放松才会表现优异。可在面试前调适好自己的情绪，保持微笑，注意语速和措辞，能够完整地表达就是最好的方法。面试前可以找自己的朋友练习一下，也可以先对着镜子练习几遍，再去面试。

以上的问题只不过是我们面试中会遇到的很小的一部分，当然每个人的面试都是不同的，但相同的是，我们一定要为自己成功赢得这份工作做好充分的准备，那么我们应该在面试之前做些什么样的准备呢？以下建议希望对你有所帮助。

1. 为自己准确定位

最重要的是知道自己适合做什么，给自己一个准确的定位。比如"因为我的性格比较开朗，喜欢接受挑战、接触新事物、认识新朋友，因此比较适合做销售类的工作。"

2. 出发前的准备

自己先要了解本行业的行情，包括公司信息、招聘需求、职位要求、薪资福利等，基本上知道了什么公司好，什么职位有怎样的

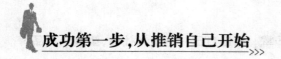
要求,哪些公司的工资高,面试笔试考些什么内容,需要注意什么事项。

3. 储备实践经验

用人单位非常看重你的实际工作经验,特别是如果你在实习或者曾经实验的项目中所扮演的角色和你申请的职位是否相吻合,那么被录用的概率就相当高。如果申请销售职务,那么能有实际工作经验肯定是最好的,这也是许多公司在招聘信息里所强调的优势。

成功悟语

对于一个有准备的即将参加面试的人来说,面试的流程、面试的结构、面试的测评要素等,这些属于基础性的知识是首先需要掌握的,这些知识得来并不费工夫,它也只能够帮助你弄清楚什么是面试,正如懂得游泳的知识不等于会游泳的道理一样。而接下来的,怎样应对面试的问题才是真正需要集中精力解决的重点。自信、真诚、做好准备、坦诚交流,给自己储备经验,你的道路会越走越宽。

初涉新单位,你该怎么办

经历面试和笔试时的层层考核、过关斩将,你终于踏入了心仪的单位。兴奋降温之后,你面对众多陌生的面孔,在新的环境里你该如何生存?你要知道,忙碌的人们很难有时间和精力去了解你,所以你就要主动地推销自己,尽早地融入集体。每家公司必然都有着诸多成文的和不成文的规则,你若想快速融入新环境,并能左右逢源,如鱼得水,有些规则绝对是不能不理会的,因此在平日里,推销自我的同时你必须多留个心眼。千万别在不该表现的时候逞英雄,天真地认为这样不对那样不对,否则,你只会成为"除旧革新"的殉葬品。

忽然踏入一个完全陌生的圈子,面对的是一张张或亲切、或深沉、或谦虚、或倨傲的脸。你唯有主动推销自己,从中找到几位兴趣相投、价值观相近的,与之建立友谊,尽快打造自己在公司里的社交圈。这样,一旦在工作中遇到困难,不愁没人对你进行点拨;遭到恶意刁难时,也不致没人出手援助。

如果你是刚刚换到一个新的工作岗位上,开始一段时间难免会感到很别扭。你对很多事情都是既新鲜,又陌生,总想尽快磨合,适应新环境,可是一些资深的同事却是对你爱答不理,甚至在一些事情上还故意和你过不去,使你无所适从,可又别无选择。毕竟他们是你的同事,不跟他们好好合作,今后的工作简直难以进行。

面对这种情况,你最好自己多辛苦些,延长点工作时间,也不要想办法要求对方帮忙,否则没准还会弄巧成拙,徒添烦恼。

另外,你还可以尝试着去了解对方,如能化敌为友,说不定会有意想不到的收获。同时,你还应扪心自问,无法与对方精诚合作的原因是否出在自己身上,自己是不是也应该负一点责任,应努力营造愉快融洽的气氛。

新人入职,都会经历一段人人必经,且刻骨铭心的心路历程,那就是心理学上常常提到的"新人孤独期"。"新人孤独期"的时

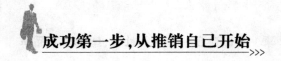

间一般在三个月左右。适应快的人，一个月就搞定；适应慢的人，却需要更长的时间。但是，也有一些新人，在经历"新人孤独期"的时候，会受到来自心灵的强大阻碍和创伤，使自己的职业生涯就此搁浅。其中不乏一些才华横溢、技能超群的可塑之才。所谓优秀人才难留住，这也是其中的一个重要原因，由于他们太过敏感，没有在心理上做好全面的准备，所以导致了"新人孤独期"的滞延和变异。

大凡有经验的人都知道，在新单位开头的一段时间，推销自我是否顺利，对以后能否建立良好的人际关系，能否顺利地开展工作，有着重要的意义。在新单位的起始阶段，推销自己该如何表现呢？下面就列出几点最重要的注意事项，希望帮助刚刚跳到新单位的朋友们，快速适应新环境，随时应对身边的机遇和挑战。

1. 谦逊是金，不炫耀自己的过去

初涉新单位，总想让身边的同事尽快地了解和熟悉自己，并引起他们的注意。在这种心理的支配下，一些人经常会在不经意间谈论自己辉煌的过去。然而你知道吗，这种行为不但不会帮你拉近同事间的距离，反倒会让他们与你日渐疏远，就算你曾有过非凡的过去，说出来也是无心之谈，但听者有意，这很有可能会引起同事对你的反感，认为你是在吹嘘、炫耀自己。刚到了一个新环境，你应该给新单位的同事留下一个沉稳谦逊的第一印象，在以后的交往中再逐步增进同事对你的了解。

2. 敛收锋芒，言行还是悠着点

如果你很有才华，在某些方面有着自己的一技之长，请先不要急于露出锋芒，如果你只是以普通员工的身份而不是以领导身份进

入新的单位,那就更要拿出自己小心谨慎的态度。一个人初涉新单位,就像一粒石子投入一潭平静的池水,已经很是引人注目,你的一举一动、一言一行,别人都会看在眼里。古人说得好:"木秀于林,风必摧之。"锋芒太露势必会给你之后的职场之路带来阻碍和麻烦。总体来说,太过的表现主要有以下两种:一是动不动就提出自己的意见,发表议论,或出点子,想方设法要改变原有的运行机制,想更新原有的工作方法;二是对自己看不惯、对别人却早已习惯的事情进行毫不掩饰的批评和指责,对别人的行为经常加以否定。这两种,在别人看来,都是为了显示自己的高明。你高明,就意味着别人的无能,这就难免使你陷入别人的非议之中。因此,即使你确实比别人高明,确实有好的新的点子,也不要急于表现,可以慢慢地,待人际关系基本协调后,再提出不迟。

3. 敬而远之,和上司保持适当距离

上司是每个职员工作的领导者和考核者,掌握着支配我们利益获取和事业成败的"生杀大权"。因此,许多人都绞尽脑汁想着如何讨好自己的上司,但初来乍到的你切不可步入这个行列。频繁接触上司会引起同事之间的各种猜疑,如果你的上司是异性的话,则会被认为你与上司有某种特殊关系,弄不好会闹得飞短流长。当然,对老板要绝对尊敬,万一与之产生冲突,一定要克制、克制再克制,不然只有另谋高就了。

4. 与人为善,与同事和谐相处

与同事交往的过程中,牢骚和闲话是避免不了的,但不知你有没有想过,正是这闲话和牢骚极有可能已经牵扯到另一位同事的是是非非。此刻,你千万不要融入这个谈话中,更不要将这些话传递给第

三人。最好的做法是借故走开，耳不听为净。有句话说得好："是非只因多开口。"说人闲话、打小报告历来被人所不齿。你是个新人，如果这时候沾惹上这样的是非，那今后的职场之路还会好走吗？

初涉职场，你是否能大胆地推销自己？决定了你能否尽早地与老同事融洽相处，早日掌握本职工作。推销自己，少不了认真学习，只要你掌握了以上的要点，很快就能与老同事和谐相处，创建美好的人际关系，心情愉悦地参加到工作中去，会让你工作效率大增，为成功增加砝码。

成功悟语

初涉新单位，你需要多思考，少说话，用一颗谨慎而真诚的心去换得身边人的好感，更好地去开展自己的工作。其实，只要你面对新同事注意自己的言行举止，给同事们留下谦逊、正直、热心、大方的第一印象，那么你就会在职场中如鱼得水，游刃有余。即使在今后的交往中有所失误，也会获得同事们的谅解和关爱。

在媒体采访中推销自己

现在大众媒介深刻地影响着我们的生活，走在大街上，或身居办公室，一不留神，你就有接触媒体采访的机会。如何在采访中灵活应对，又不失个人风范呢？和媒体打交道需要哪些策略和技巧呢?首先你要做好充足准备,保证自己不出错,但不出错只相当于防守,只有在做得非常好的时候,才会偶尔得分,适时地推销自己。

我们在生活中,有意或无意地会跟一些媒体的朋友接触,甚至会受邀接受他们的采访。如果能上镜,我们面对的人群将突破以往的交际范围,向更大的人际范围拓展。如果能将一次普通的电视访问穿插一些隐蔽的自我推销,那样的效果将是很神奇的。曝光率提高了,那么,我们如何利用大众媒介向受众推销自己呢?

事实上,受访者只有在充分了解了媒体的特点和各种采访形式之后,才能够从容地面对,才能够充分地发挥自己的语言优势,最终在媒体上成功地展现自己的形象。

应对采访相当于一场球赛,教练常说:"防守不能得分,要去积极抢球!"在面对媒体采访时不出错相当于防守,只有在做得非常好的时候,才会偶尔得分。你要有这样的意识,媒体如果不采访我,他们也不会有什么损失,但从另一方面看,你可能会有损失。那么,我们应对媒体时该如何做好准备呢?有些策略和技巧值得我们参考。

1. 接受媒体采访前做足准备课

首先,在接受记者采访前需要你花时间去查查这个记者是谁,他需要什么,他的目的是什么;你要想好如何回答,先打个腹稿。如果你没有弄明白记者的意图就匆匆接受采访,是会经常出错的。记者告诉你的话可能不全是真的。你需要仔细准备和练习一下,整理出你在采访中要谈到的几个要点,并在采访中把它们主动讲出来。在采访中最常见的错误是,被采访者总是等着记者发问来引出

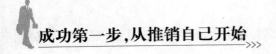

自己的观点。

　　培训师对一位皮肤科医生进行应对媒体采访培训，她要向媒体介绍一种新的治疗皮肤病的产品。在一次采访练习中，培训师花了5分钟，多次问她阳光对皮肤的伤害，尽管她的产品和这个问题相关，她却一次都没提到新产品的名字，采访时间就匆匆结束了。培训师告诉它，当你接受采访时，不能只是有问必答，你应该巧妙地控制采访，表达出自己最想要说的话。在跟媒体打交道的时候，你必须习惯把你的故事重复地讲给不同的记者，而且每次都要讲得很有激情。经过指导，这位皮肤科医生成功地将自己和自己的产品通过媒介推销给了大众。

　　你或许可能遇到就同一话题接受很多次采访的情况。同样的话说了很多遍，为了避免重复，你会去尝试说些新的内容。但是不要对老是重复自己的这些话感到困惑，对于每个采访者或者观众来说，你讲的内容都是他们第一次听到的。你可以试着做一些改变，避免太乏味，但是尽量按照你的提纲走——只要它还管用。

2. 在媒体和自己的议程之间搭起桥梁

　　接受媒体采访本质上是一种合作的、供求的关系，在采访中肯定会有互动。在面对面的广播和电视采访中，你的语气和风度与你说的内容一样重要，在这种场合尽量要表现得友好、简洁、直接、积极。不要说太多的专业术语，除非是接受专业杂志的采访。时刻提醒自己：如何能在媒体和自己的议程之间架起一座桥梁？事实上，如果你所准备的观点有新闻价值，故事也很生动有趣，又有事实和例子支撑，你就能很成功地搭起这架桥了。你应该积极回答记者的问题，同时还要不失时机地推销你的观点。

没人逼迫你泄露机密，但你也不要用"无可奉告"来做答复。不要对记者有敌对情绪，也不要贬低记者。有时候，你可以请平面媒体的记者把采访你的稿子在刊登之前给你看看，以此来确保他引用的话和公司的事实准确无误，防患于未然。你可以要求在发稿之前看看稿子，但如果记者拒绝，最好也不要勉强。这里有两个规则：①如果你不要求，肯定看不到稿子；②如果你要求了，要注意说话的分寸。

3. 微笑、镇静，警惕陷阱

在采访中注意要保持镇静，有些记者可能故意用犀利的话语想激怒你，希望你在盛怒之下，泄露出一些敏感信息，或者说出一些过激的话。这种情况下，除了系紧你的"安全带"外，还要面带微笑，保持镇静，尽量简短地答复他们。不要在回答中重复记者的提示词语，而要变成你的说法，要用事实性的词语重新组织语言，推翻问题中隐含的负面隐语。

你可以准备一个有三层意义的答案。A 层是一两句话的总结，表明你的立场。如果记者要你讲得详细一些，你就给他 B 层答案，举一个例子来支持你的观点，此外还可以有一些细节介绍。大部分记者都不会需要超过这两层的答案。万一需要，你就给 C 层的答案，进一步详细解释，再用一些其他论据来支持你的观点。

媒体经常用提问把你逼到一个很被动的位置，以期得到"精彩"回答。有时候，记者可能会没有意识到你的话说完了，希望你继续说下去。如果摄像机还在录像，你就要简单地再总结一下你的中心意思。重复要比你在故事中兑水好得多，演播室的后期编辑会

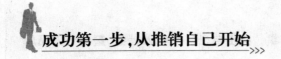

剪掉这些重复的话，让你的回答更加紧凑。不要在记者的压力下说出过激的话。

4. 应对特殊的采访情境

你可能会遇到集体采访的情境。如果你被一群记者包围——向你递话筒，提很多问题。如果你准备充分，希望在电视上露面，你只要把话题确定在核心问题上就行了，当然你也可以保持沉默。你可以挑选一个能答的问题来回答，以此控制场面。眼睛看着提问的记者，不要管周围的摄像机和录音设备，只需对着提问的记者说话。声音要比提问记者低一个分贝，说话时要面带微笑，安静从容。如果有记者问了一个非常难回答的问题，就用同样难回答的问题反问他。

在录制电视节目的时候，要注意穿着得体。无论你穿的是两件套还是三件套西装，其中只能有一件带有图案装饰，而且必须非常精细。其他的几件必须是纯色的，颜色不要太深也不要太浅。衬衫的颜色应当比西服浅，不要穿纯黑或纯白的衬衫。对鞋子、领带、首饰和其他配饰也是应当遵循越少越好的原则。不要浓妆艳抹，也不要弄得珠光宝气。

化妆的正确尺度是，如果让控制室切个特写镜头给你，在特写镜头上看不出化妆的痕迹。上电视时，男性也要化些妆来掩盖灯光反射和脸上的一些斑点。

在节目现场，你不要到处乱看监视器、摄影师或者其他制作人员，要让这些机器设备围着你转，而不是你围着设备转。如果是在演播室以外采访，周围有你认识的人，记着不要看他们。即便你不说话时，也可能出现在电视镜头上。

总而言之，在媒体面前，要想自然、大方地表现自己，就要掌握好应对媒体的方法和措施，内练知识内功，外练媒体答问技巧，将受众的心理摸透掌握，方可做一个受大众喜爱的"媒介名人"。通过媒介的力量，争取到更多的优势资源，为成功铺设道路。

成功悟语

与媒体打交道会提高你的应变能力。接受采访时语言要尽量浅显易懂，多举例，多打比方，让大部分的普通人都能听懂。切记，跟媒体接触的时候要尽量自然些，否则你会和记者处于"敌对"状态。你要明白，记者是职业选手，如果你只是业余高手的话，就不要随便和他们过招。在媒体采访中借船出海推销自己，需要你打下坚实的基本功，方可事半功倍！

借用纸质和网络媒介推销自己

现代信息沟通手段日新月异，除了即时通讯工具电话、手机外，我们还需重视传统的纸质媒介，以及先进的网络技术为我所用，拓展你的交际圈子。只要你肯走出去，在借助的载体细节上多下点功夫，多用点心，自己就会被关注，你的潜力也就随之被挖掘，高人抑或是贵人接踵而至，处在这样一个信息爆炸的时代，一切皆有可能！

一张小小的名片看似简单，但作为立志推销自我的你来说，赶紧抛弃这种漫不经心的看法吧。名片首先具有推销性质，同时蕴涵着无数的玄机。不论是这种纸质的推销媒介，还是网络上的微博、博客等媒介，都是你交际展示的一部分，某种意义代表了你自己，是第一印象的重要组成部分，千万不要小觑。掌握了纸质媒介这种传统而实用的推销手段，会让你宾客满座；掌握了网络媒介新潮而影响力巨大的自我展示手段，会让你永葆个性的张力。那么，我们该如何看待名片和网络媒介呢？以下建议希望对你有所帮助。

1. 制作好名片

在商务和职场交际中，对于领导人和普通员工的名片都有双重的象征意义，首先是集体单位的表象，其次是名片持有者自我的介绍。如果说名片上的企业 CI 设计是单位形象的反映的话，那么名片就是你个人身份的象征，由此可见在一张小小的名片中，蕴涵着多大的信息量！那么，我们该如何制作名片才能更好地服务于我们成功地推销自己呢？

首先是在名片的素材中，不可忽略标志的造型。因为标志是单纯的，小而统一，它具有在一瞬间最容易识别的视觉效果，适合于印象、记忆和联想。标志的设计要力求表现独特的象征形式，要易于辨认、清晰，有别于同行、同类的标志。还要做到洗练、准确、生动、一目了然，艺术形式更集中，更具代表性，这样才能使商标图案的主题深化。

其次注意名片的文案。一部分是主题文案，包括名片持有人的姓名、工作单位。另一部分辅助说明文案包括名片持有人的职务、通讯方式、单位地址等。名片的文案内容要简练概括，信息传递准确，主题文案与辅助说明文案要主次分明。文案的版式段落要编排整齐，美观大方，讲究形式美，不要松松散散，杂乱无章。在我们的日常工作中，用于我们之间相互交流的名片很多，每个人对名片的阅读都是顺眼而过，这样文案的编排是否合理对锁住阅读者的视线至关重要。

最后是注意向别人递名片的礼仪。当你要给对方递名片时应站立起身，走到对方较近的距离，将名片正面面向对方，双手交与对方。切勿以左手递交名片，或名片背面面对对方或是颠倒着面对对方，更不要将名片举得高于胸部。若对方是少数民族或外宾，则要将名片上印有对方熟悉的文字的一面面向对方。将名片递给他人时，口头应有所表示。可以说"请多指教""今后保持联系"等，或是先做一下自我介绍。如果你要与多人交换名片，则要注重先后次序，或由近到远，或由尊到卑，依次进行。切勿挑三拣四，采用"跳跃式"。当然，更没有必要广为滥发自己的名片。双方交换名片时，最正规的做法，是位卑者应当首先把名片递给位尊者。当然，在不同的情境中，我们也可灵活应用。

2. 练好签名

签名也是一个很重要的第一印象，是推销自己的间接方式。练习签名要按照一定的步骤来，当然每个人的方法会不一样，总体上要遵循以下的步骤。

第一步首先要仔细观察，观摩线条再领悟其中的意蕴和法度，原理何在，如何下手，将其记在脑海中，边看边用手比画；当了解线条变化后，可先用透明纸蒙在上边，按着印出来的字迹用心去描，千万不要比葫芦画瓢，要把自己的主观意识融入里面；拿开透明纸，凭自己的直觉去写，然后不停地进行对照，找出不足加以改正，当你真正读懂了笔画的含义，便也读出了你的与众不同；在练习过程中一定要保持清醒的头脑和愉悦的心情，这很重要，因为练字是需要用心揣摩；将你学会的签名熟练运用到日后的工作生活中，定会让你的签名挥洒自如。

3. 书信推销

尽管现代人习惯于网络即时通讯，但传统书信的往来尤其是手写信更能打动对方。当对方日理万机又对你不熟无暇与你见面的时候，书信推销就是最好的办法了。对许多人来说，给一个不认识的人打电话，请求对方的约见，是比较困难的。这时书信推销策略就是最佳的选择了。约见客户可采用书信策略，一般的做法是在每次洽谈业务之前要先递上一份书面的约请。先通过自己的书信让对方初步认识自己，透过书信想象现实的自己从而充满期待，再到打电话时你已不再是一个完全陌生的人了。随着时代邮件事业的兴起和发展，书信往来可谓快捷又方便。现代推销信的花样很多，比如其中的约见信，它的结构与一般书信相似，但应针对客户的癖性、嗜好和背景，个别要有针对性的计划，避免千篇一律，读来无味。写约见信时态度不妨严谨，措辞则须文雅，切勿主观，强词夺理。应多站在客户的立场上着想，少发表个人成见。对于其他交往场合，书信也是可以灵活应用的，作为自我推销的重要部分，用得好用得巧才最能体现书信的价值。

4. 网络推广

我们同样可以像推广商品一样在网络上推销自己，主要是借助网络平台的推销行为。软广告推销可以有：新闻推销、论坛门户推销、QQ/MSN 等聊天工具推销、IM 及邮件推销、博客推销、MSN 社区推销。它的缺点是，很多时候容易对网民产生误导，通过标题、虚假事件等方式来促成广告信息的传递容易让人厌烦。

软文推销是网络推手的推广必胜法宝，也是软广告的精髓和核心所在。如今，硬广告已经慢慢淡出人们的视线，而近一段时间一种叫做软广告的宣传形式在悄然兴起，并迸发出了让人惊叹的力量。一个个鲜活的事件打造出来一个个响亮的品牌以至于让很多人明白了一个道理：如今，首要做的不是想好卖什么，而是想好先怎么去宣传好自己的品牌，每一个推手心里都要有一个概念，那就是怎么样去结合时代的大趋势和背景去做一次成功的炒作，包括新闻炒作和论坛门户炒作，其次就是什么样的行业适合什么样的软文推销，什么样的软文创作最能迎合目标对象的心理取得良好的广告效果。

推销自己不止限于口头交际，你需善用一切可以利用的资源，以上介绍的是几种或传统，或新潮的方式，不管应用哪种都是本着更有效地宣传推广自己的目的出发的。只要我们把细节做好，不疏忽名片上的一个标点，不糊弄博客上的一篇自己的文章，不延迟回复远方朋友的书信，如此等等，你具备了成功的潜质，又能有效利用推销自己的方式，两者结合你将收获良多。

成功悟语

如今很多人不知道怎么样利用传统和现代的媒介成为一名自我推手，而只要你细心观察，不断地发掘就会有收获。当今网络推手作为软广告推广和事件宣传的先锋在一起起营销事件中崭露头角，

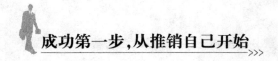
而时代的发展促使每一位渴望成功的推手必须不断地进步和完善自我，才会有长足的进步！

让自己成为一个受同事欢迎的人

在我们的工作环境里，努力做一个受同事欢迎的人，建立融洽的人际关系，这也需要我们自我推销。同事间自我推销的成功表现是跟同事打成一片，这样的效果使我们拥有一个愉快的工作氛围，可使我们忘记工作的单调和疲倦，也使我们对生活能有一个美好的心态。就跟夫妻关系搞不好容易导致离婚一样，同事关系搞不好最容易导致离职。一个能和几乎所有人合得来的人，往往比一个业务能力很强但和谁都不说话的人更受大家欢迎。那么如何使自己成为一个在办公室受欢迎的人呢？

成功的人往往是很受人欢迎的人，但一味地取悦别人并不是最好的方法，关键是要培养你自己的特质。在职场中，人人都希望自己成为一个受同事欢迎的人，我们希望被别人看重，那样同事间可以互相协助，共同进步。让别人喜欢就要我们自己首先要变得讨人喜欢，也许你会说：工作中我不得罪人，顺从别人，不攻击别人，在和老乡一起时要平实不高高在上。如果这样做了，你可能短时间内会赢得同事的喜欢，但是绝不会太久。

那么究竟怎样做我们才能成为一个受同事欢迎的人呢？究竟我

们采用怎样的方法才能和同事相处得更加和谐呢？这是一门学问,更是一门艺术,只有掌握了其中的技巧才能在今后的职场生涯中一顺百顺。

1. 培养自己的亲和力

随着年龄、工龄的增加,一个人的自我判断、社会认同感都会越来越受工作的影响,而工作业绩好的人往往会养成自以为是的习惯。相信自己没什么不对,但这时候同样要能听得进别人的意见。很多朋友这时候会变得对办公室里的评价容易过敏。这会成为影响你的亲和力的祸根。所以遇到问题、冲突、矛盾时,尽量使自己静下心来多听取同事甚至公司以外的人的意见,如果你的前任能给你些建议就更好了。长此以往,大家都会认为你是一个很有亲和力的人。

2. 培养良好的自控能力

我们不能不承认并不是每个办公室都是一群和睦相处的同事,在一些存在恶性竞争的办公室环境中,难免会有一些人不幸沦为牺牲者。在这种形势下如何立于不败,最重要的是控制好自己的言行,充分表现出"不以物喜,不以己悲"的境界,做好自己的事。这样即使成为别人的替罪羊,你只要保持礼貌;对待他人的流言视而不见、充耳不闻,让流言飞语左耳进右耳出;埋头做好手头的工作,保持和大家的正常往来,长此以往,大家都会知道你不是个喜欢是非的人,那么是非也会慢慢遗忘你。而老板也会越来越喜欢你。

3. 把握好与"贵人"交流的方式

人天生就是群居的动物,每个人都需要别人帮,如果和你有争执或冲突的对方是决定你未来的"贵人"时,无论如何不要抱怨,

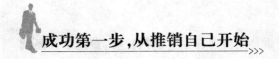

也少用"讨厌""烦死了"等一系列负面的词语,而是多一些探讨和请教的口吻,如"我不确定自己是否处理得当,请问还有什么更好的方式吗?"

4. 培养自己的特质

将自己打造成为一个受欢迎的人,最简单的办法就是培养自己喜欢的特质,即你之所以是你自己的特殊的东西。这些特质对你而言是相当珍贵的,如果你真的希望某个人做你的朋友的话,他就应当喜欢你的这些特质。千万不要为了给别人留下某种印象而去迎合别人,如果那样你不但会失去成功的机会,还会失去你想要的一切。

5. 让乐观和幽默使自己变得可爱

轻松的表态可以消除彼此之间的敌意,更能营造一种亲近的人际氛围,并且有助于你自己和他人的关系变得轻松,消除工作中的劳累。如果我们从事的是单调乏味或是较为艰苦的工作,千万不要让自己变得灰心丧气,更不可整天与其他同事在一起怨声叹气,而要保持乐观的心境,让自己变得幽默起来。如果是在条件好的单位里,那更应该如此。这样,在大家眼里你的形象就会变得可爱,容易让人亲近。切记,幽默的时候要注意把握分寸,注意场合,不做讨人嫌的事情。

6. 多参加集体活动

作为一个公司的同事,大家经常一起去吃饭、唱歌、爬山,这样既有助于增加同事之间的感情,又可以放松一下紧张的心情,一举两得。在这种场合,虽然大家表面都表现得轻松随意,但要注意自己的举止和言谈,聪明的做法是适时地附和一些无关紧要的非原则性的话题,对于大家评价的东西,不采取主动。尤其是对公司中传出的男女关系绯闻不参与也不要主动谈及，以免事后被同事以为你好说闲话。

有人对于在同事面前推销自我不屑一顾，其实这样的看法是浅显的。同事可能是你的战友，也可能会变为你的对手。孰重孰轻，值得我们掂量。对于追求成功的我们来说，合作共赢当然是处理同事关系的首选。试想，一个关系融洽、互帮互助的同事氛围能给我们创造多少机遇？改善自己，在同事面前推销友善的自我，会为你赢得更多机遇。

成功悟语

每个人都希望自己能成为一个备受欢迎的人，但是我们有时常常因为细节的忽视，并不是很成功。这些细枝末节，我们好像觉得没什么。但是一旦你给别人留下了不舒服的感觉以后，也许很多机会就从你身边溜走。所以为了成功，我们必须注意细节，抓住身边的一切机会来实现自己的价值。

友善的态度让你的人气更旺

我们为别人做好事，帮助了他人时，内心会产生一种很伟大的感觉，灵魂得到净化。你可能做不到很大程度地改变世界，但不以善小而不为，你能够通过自己点滴的努力，使这个世界变得更美好。争取成功需要有耐心，与人相处更是需要有长久的耐心，能踏踏实实做好每一件小事，你就能成为大家的朋友。友善的态度让你的人气更旺！

我国古代伟大的思想家、教育家孔子创立了儒家思想，核心内容就是"仁者爱人"。友善的处世方法，对追求成功的朋友们而言尤为重要。

人与人之间和睦、友善相处可以提高我们的生活质量，给我们一个良好的生存环境。在与人交往的时候，我们要努力淡化自己的不良情绪，对他人的生活方式持宽容和友善的态度。正如一位名人曾经说过的那样："如果你能够使别人乐意同你合作，不论做任何事情，你都可以无往不胜。"

美国著名的试飞驾驶员胡佛，有一次飞回洛杉矶，在距地面900多米的高空中，刚好有两个引擎同时失灵，幸亏他技术高超，飞机才奇迹般地着陆。胡佛立即检查飞机用油，结果正如他所预料的，他驾驶的那架螺旋桨飞机，装的却是喷气机用油。当他召见那个负责保养的机械工时，对方吓得直哭。这时，胡佛并没有像大家预想的那样大发雷霆，而是伸出手臂，抱住维修工的肩膀，信心十足地说："为了证明你能干得好，我想请你明天帮我的飞机做维修工作。"从此，胡佛的飞机再也没有出过差错，那位马马虎虎的维修工也变得兢兢业业，一丝不苟了。

这个故事令人感动。虽然维修工的过失险些使胡佛丧命，但心地善良的胡佛深深懂得有过失者的心理。当对方因出了严重差错而痛苦不堪时，善解人意，自我克制，出人意料地给予宽慰，使其恢复自信和自尊。这,就是友善的巨大力量。试想,如果胡佛愤怒地斥责这位维修工,甚至不依不饶地追究他的责任,那么很可能会彻底地毁了他。可见,面对同一件事,以两种不同的态度来对待,就会有迥异的结局。友善,可以使大事化小,小事化了,不仅善待了他人,也能使自己得益。胡佛的飞机不是从此就没出过任何差错吗?而以愤怒乃至暴力来应对,结果往往是有百害而无一利。

一天,太阳和风争论谁比较强壮,风说:"当然是我。你看下面那位穿着外套的老人,我打赌可以比你更快让他把外套脱下来。"说着,风便用力对着老人吹,希望把老人的外套吹下来。但是它愈吹,老人把外套裹得更紧。后来,风吹累了,太阳便从云后走出来,暖洋洋地照在老人身上。没多久,老人便开始擦汗,并且把外套脱下。太阳于是对风说道:"温和友善永远强过激烈狂暴。"

友善,它表现在"爱人",也就是说,对他人有同情心,乐于关心、体恤和帮助他人。大家都有爱心,就能相互感应、相互同情,从而架起人们心灵与心灵之间的桥梁,并在相互沟通中达到人与人的相互理解。

当他人遭到困难、挫折时,应伸出援助之手,给予帮助。良好的人际关系往往是双向互利的,你给别人种种关心和帮助,当你自己遇到困难的时候也会得到相应的回报。

人类的善良,使这个世界变得美好。友善和亲切的态度常使人获得好的人际关系,一些人际关系不好的人常会有这样的感叹:"我真希望能吸引一些朋友,我真希望能成为一个受人欢迎的人,我愿意帮助世界上那些有困难的人们，使他们获得幸福。"只是因为他们自己生性孤僻，缺少吸引朋友的磁力，故没有多少人愿意和这样的人交友往来，这种人在工作和生活中失去了很多乐趣。而且他们的希望也最终无从实现。

有些商人虽然没有雄厚的资本，却能吸引很多顾客，他们的事业与那些资本雄厚但缺少吸引力的人相比，必然得到更加显著的发展。社会上，如果你能处处表现出爱人与和善的精神，乐于助人，那么就能使自己犹如磁石一般，吸引很多朋友。不过，有些人只图自己合适而不顾别人，结果是受人鄙弃。

一个人吸引力的大小取决于别人对他感兴趣的程度。顾及他人的利益，别人自然也会尊重你，认真考虑你的意见。一个人要真正吸引人，应该具有种种良好的德行，自私、卑鄙、忌妒都不能赢得人心。穷苦的青年男女们在刚刚跨入社会的时候，往往容易羡慕那些家资万贯、无须为生计发愁的富家子弟。人的一生在于不断奋斗，创造事业并与家人朋友分享成功的喜悦，能够与人分享成功的人才是最幸福、最成功的人。

说好话，做好事，存好心，与人为善，如果把这些做法当做推销自己的方法，将会让你收获很多。推销友善的话语、真诚的态度，就是在推销我们的积极的生活态度。当我们听到别人由衷的赞美，心里会有一种喜悦之情自然流淌；当我们听到别人的安慰，心里会有一种温暖之意油然而生；当我们听到别人的鼓励，心里会有一种无形的力量悄然支撑。从心理学上讲，这种积极的心理暗示会形成良性循环，作用于我们的身体。所以，真诚友善的话语和态度是我们幸福生活的营养，我们需要这样营养丰富的环境，也更需要将其奉献给别人。

　　人的坚强与成功并不与正直、善良相冲突，相反，那些极具个性，在事业上有所成就、建功立业的成功者，骨子里总是坚守着最本真、最友善的一面。宽以待人、友善相处，会增加你的个人吸引力，人格优美、性情温和的人，往往到处受到他人的欢迎，也能处处得到他人的扶助。

关心与体贴更让人感动

　　人不可能脱离朋友而成大事，如果世界是一间小屋，关爱就是小屋中的一扇窗，如果世界是一艘船，那么关爱就是茫茫大海上的一盏明灯。被人关爱是一种美好的享受，关爱他人是一种高尚美好的品德。在探索成功的道路上推销自己，就要付出自己的真心，付出自己的关爱，才能赢得朋友的好感与帮助！

　　生活中，我们不能总想到自己，应该把自己希望得到的东西拿来与别人一起分享。当你看别人脸上洋溢的笑容时，你会体会到，与别人分享幸福比自己独占幸福更令人愉快。

　　拥有朋友，你便拥有了成功的机遇。真正的朋友是不会有私心

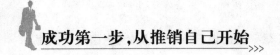

的，他会在你需要帮助的时候，不顾一切地呵护你，他会一直对你最忠诚，他会兑现他以前对你的承诺，不会因为你暂时的不顺利，而把你忘掉。真正的朋友是有道德的，在你有困难的时候，他不会对你施加任何的压力，对你作出让你喘不过气来的行为。

清朝康熙四十七年（1708），山东广陵发生大饥荒，很多人都陷入饥饿的恐慌之中，无米下锅。

有个叫韩乐吾的书生，平常潜心钻研学问，崇尚仁义，乐善好施，坦诚待人，胸怀经邦济民的大志，但一直怀才不遇，无法施展自己的才华。当饥荒像瘟疫一样蔓延开来，把许多人推向死亡边缘的时候，一些土豪奸商乘机囤集粮食，高价出售，牟取暴利，不管百姓的死活。而韩乐吾则毅然挺身而出，尽自己的全力来救济灾民。但他是一个穷书生，不善经营，家境并不富有，眼见人们一个一个被饥荒夺去生命，心急如焚。他把家里的余粮全部分发给邻里的饥民，最后把家里所有值钱的东西全部变卖，换钱买粮食救济那些乡民。可饥荒越来越严重，他只得把自己留下的口粮分给众人，而自己只剩下二升半米，顶多能维持一两天就要断粮了。这时，他听说他的一个朋友已经断粮三天，快要饿死了，心里很难过，准备把自己仅有的二升半米分给这位朋友。

他的妻子知道后，心有不悦，并对他说："以前你倾家荡产救济饥民，我知道你那是尽力行善，所以没有阻拦。可是现在我们自己也只剩下二升半米，只能吃今明两天了，以后也不知道怎么办了，你还要把这点米分给人家，那我们吃什么呢？"韩乐吾回答说："人活在世上，有许多比生死更重要的事，一个人活着只顾自己的生死而不管他人死活，那活着又有什么意义呢？特别是朋友之间，更应该珍视情谊。当朋友有了困难,应当尽力相助。虽然现在我家只剩下二升半米,而我朋友却已断粮三天,处境比我更加困难,我明天断粮了可能也会饿死,可他没有这点粮食今天就会饿死,难道我能忍心看着朋友饿死而不去帮助他吗?"妻子听了一席话深受感动,便说:"能嫁给你这样一个讲道义的人,就是跟你一块饿死也值得。就按你的想法去做吧,无论发生什么困难,我都与你同心协力,共渡难关。"最后,韩乐吾把粮食送给了那位朋友。·

事情也凑巧,第二天韩乐吾家的灶台坏了,他清理灶坑时,从里面意外地挖出了好些银子,也不知是哪位祖先把它埋在里面的,现在正好派上用场,用这笔钱买粮食来救济灾民。人们都称赞他这种舍己为人的高尚品德。

这个故事说明,把关心献给他人,需要舍己为人的高尚品德。二升半米,是救命的米。在这救命米面前,韩乐吾经受了道义的严峻考验:把它送给朋友,自己家里马上断炊,两三天就可能要饿死。不送给朋友呢?朋友一家人断粮两三天了,今天就可能饿死。韩乐吾终于说服了妻子把二升半米送给了朋友。在我们生活的路途中,或许也会遇到韩乐吾对于两升半米这样的选择。你要是做个韩乐吾这样的人,那你的周围将不乏助你通向成功的贵人。

作为社会中人并不是靠一个人就可以独立地生存下去,而是需要很多人对你的关心和爱护才能有幸福的生活。同样的道理,别人也需要关心和爱护,每一个人都应该关心他人。关心你的家人能让家庭更加和睦幸福,而关心你的爱人更能让爱情之花常开不败,关心你的朋友可以让友谊更加根深蒂固,关心一个陌生人可能让你得到一个成长的机遇!

　　恰当适时的关心光有真诚的心还不够，还要恰当适时地去关心他人，也要讲究一定的方法方式。先要弄清楚他需要的是什么，他是情感上受到伤害，需要心理安慰；还是事业上出现挫折，需要帮助；再或者是身体有恙，需要慰问。而如果他遇到了工作上或事业上的挫折，可以伸出援手的时候一定要帮助他渡过难关，如果不能，就要在精神上为他加油，帮助他重拾信心，排除困难。

　　关心对方更要设身处地地为他着想。有的人想关心别人却不知道该从何入手，这时最好把自己当做是他，学会"换位思考"，站在他的角度上去考虑问题。这样，你的关心就更容易走进对方的心里，办的事情也会让对方满意。

成功悟语

　　在关心他人的过程中，我们自己也会得到满足，并且还增进了人与人之间的友爱，加深了人与人之间真挚的感情。对朋友的关心与体贴，并不需要刻意寒暄，你可以早上某个时间问候一句早安，晚上问候一句晚安，仅此就够了，话多了反而多余。最重要的是，你要用心去做！

就他人最在行的事情提问

生活中的每个人都渴望友谊，希望拥有更多的朋友。但朋友都是由陌生人发展而来，有相当一部分朋友是萍水相逢认识的。而你主动推销自己与人聊天时，你会得到对方的什么反应呢？其实，下一步如何进行交往，完全取决于推销时如何提问。提问是一门艺术，就对方最在行的事情提问，遵循一定的原则，能让你成功推销自己，赢得他人的信任和帮助。

在不同场合下，你会遇到不同的陌生人，如何化陌生为熟悉？打开彼此话匣子的第一步就是就他人最在行的事情提问。其实与陌生人沟通也是一个推销自己的过程，对方是什么样的性格你可能不太了解，但你可巧妙提问，就他人最在行的事情提问，可博得对方的好感。比如在风景秀丽的景区、在人群喧闹的汽车上或者在小型聚会上，凭一个微笑、几句得体的幽默话、一个礼貌的动作等，都可以与他人相识，拉近彼此的关系。关键是需要我们找出交往的契机，提出对方感兴趣的话题，打开对陌生人关闭着的心灵之门，让热情融化彼此间的冰封。

事实上，并不是所有的人都是善谈的，有的人尽管有交谈的欲望，却不知从何谈起。这就需要你主动改变态度，率先向对方发出友好的信号，了解他的相关背景，激起对方的谈话欲望，达到交流

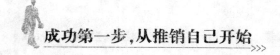

和彼此熟悉的目的。

有一位经理,偶然发现一位员工最近工作状态比较差。他虽然想尽早了解情况,但并没有急于责备。他把员工叫到办公室,问:"你工作一直很努力,也不是一个马虎的人。但最近你的状态不怎么好……是因为家里发生了什么事吗?"员工脸变红了,他点头。"我能为你做些什么吗?"经理又问。"谢谢,不用了。"接下来,员工开始说起了他的烦恼。因为他怀疑他太太得了肝癌。对这件事,谁也无能为力。他们聊了一个多小时。谈话结束后,这位员工的情绪明显好转,后来他的工作有了长足的改进。

从上面的故事中我们发现,激起对方谈话的兴趣,正是从关心入手,从尊重对方想法的话题开始深入,不仅让对方聊得愉快,还会把你当做知音,不论是交友还是做思想工作,都能取得不凡的效果。也正是通过提问,使得我们对别人的需要、动机以及正在担心的事情,具有一种相当深入的了解,有了这样的答案,他人的心灵大门也就对你敞开了。

一位名人曾说:"判断一个人凭的是他的问题,而不是他的回答。"的确,问题提得好,有助于拉近双方的距离。就在行的问题提问,有助于他们展现自己的专业领域的知识,获得一种满足感。

我们要学会提出一些问题,然后用心地倾听他的答复。除了用心倾听之外,还要不时地插入一些问题进一步询问,掌握主导权,一步一步借题发挥。

事实证明,取信于人的一个有效方法就是适当地多提些问题。罗斯福就是属于这种"打破沙锅问到底"的人。

罗斯福就任美国总统期间，白宫的大门永远欢迎那些使总统提起兴趣的人。不论你是哪个领域的专家，还是因其他事情的访客，罗斯福总能立即找到一个双方都感兴趣的共同的话题。在交际方面，他是很出色的。在一些人的误解中，他好像是一个无所不知的天才，所以，人们总认为他只是炫耀自己的学识，以达到吸引他人的目的。可事实却相反，他能够真诚地赞美他人之所长，这才是他受人欢迎的关键所在，也是他成功的原因。无论讨论任何问题，他都会谦虚地讨教，那孜孜不倦的学习热情都会让对方感到十分惊异。

以上故事说明，有才干的人在利用发问来取信于人时，通常会特别注意以下原则。第一个原则是，提出问题一定要显出自己对他人的知识的敬佩，这种谦恭的态度是重要的。第二个原则是，发问时的问题确定你真的对这个问题有兴趣。第三个原则是，确定对方乐于回答这个问题。还有一个话题甚至能让最沉默的人侃侃而谈，那是一个任何人都喜欢谈论的话题，也是一个最容易运用的话题，即谈论他人。

当然，离题千里的过错是可以避免的，而找出一些可以让你占上风的问题也是很容易的。提问题，这也是成功人士通常使用的方法，但关键在于你是否能找到一个合适的话题，比如说，我们该如何面对一个素不相识的人呢？这里就有很多合适的方法。李莲·爱可乐女士说："每个人都喜欢讲一件以自己为主的事情，如果那个人是有汽车的，你可以问问他所经历的险情中最危险的是哪一次；每个人都喜欢发表自己的看法，所以，对一个你一无所知的人，你可以问他对近来人们谈论的暗杀事件持何种意见。"

提出一个对方熟悉的问题，这是在社交中恭维他人的最好方法。你可以请他谈谈自己的看法，拉近彼此间的距离。另外，还有一个最佳的话题甚至能让最沉默的人侃侃而谈，那是任何人都喜欢谈论的话题，也是一个最容易运用的话题，即开始谈论他人。

一位知名的广告人曾说，人是天底下最有意思的动物。这句话几乎就是一条真理，我们对与自己相关的东西最感兴趣，其次就是与他人相关的东西，当我们听到一些与我们相关的人的消息时，不管他是谁，我们都会马上认真地听着，同时心里立刻就会有一些自己的想法看法。

如果在谈话中你已经无话可说了，可以运用一下这种简单的策略。你可以说起一个你们都很熟悉的人，如你们的朋友，以及社会上的名人，如某个作家、运动员等，总之，你应该选择一个能令对方感兴趣的人来谈论。

成功悟语

有才干的人在利用发问来取信于人时，通常会特别注意，提出的问题一定要能显出自己对他人的知识的敬佩，这种谦恭的态度是重要的。如果想感动他人，给他人留下一个良好印象，引导他谈论他自己的事情、知识、意见和看法是最简捷的方法。你应该学会适当地引导对方说话，从你提问的类型和倾听的态度上表示你对他的谈话很感兴趣。

第四章

一见如故
——社交场合打响你的知名度

　　社交达人总是令人艳美，虽然社交场合人们不以学识、才干、技能乃至外表形貌等自身的资源换取报酬，但人与人之间的差距是明显的，不懂得推销自己的人总是与机遇擦肩而过，哀叹命运的不公。在人与人的交往中，有一条非常重要的规则，那就是人们都会下意识地寻找自己喜欢的人，同样，人们都喜欢接近让自己感觉舒服的人。如果对方是初次见面或者是交往不多的人，怎样做才能直接而迅速地让对方产生好感和认同呢？社交场合是个大舞台，演绎得如何，就要看你是否做好了展示自我的准备。

初次见面缩短彼此间距离

初次见面时，意味着对方有可能成为你成功道路上的贵人，如何把握机会，就在于你能否勇敢无畏地推销自己，我们不能够太莽撞，也不能够太拘谨，更不能太客套……总之，初次见面，我们都希望尽快消除陌生感，缩短彼此间的感情距离，形成融洽的关系，产生共鸣，以期得到进一步的交往与合作。那么，初次见面如何缩短彼此间的距离呢？

在各种不同的场合，可能会因朋友的婚礼，或者参加老乡、同学的聚会，你见到了很多朋友的朋友，这种较为亲密的关系会给人一种温馨的感觉，使处于这个圈子里的人容易建立信任感。这种机会把身在不同地方、不同行业的朋友召集在一块，组织起来。同时也通过老乡会等形式来相互帮助、联络感情、加强交流。从心理学上来看，每个人的潜意识中都有一种"排他性"，跟自己有关的或熟悉的事物会有兴趣和热情，跟自己无关的、陌生的则有一定的排斥性。不论什么形式下的初次见面，生疏造成的心理上的"设防"不可避免，为了解除尴尬，形成坦诚相待的气氛，以下这些建议希望能够对你有所帮助。

1. 直呼对方的名字

名字不仅是一种代号，在很大程度上是一个人的象征。当我们直呼对方的名字时，往往是习惯在比较亲密的人之间进行，如不想与他人太过亲密，则会连名带姓地呼叫对方。所以直呼对方的名字，可以缩短彼此间的距离，获得意想不到的效果！初次见面时能直呼对方的名字，会令对方感到很受尊重。如能对对方的名字进行恰当的剖析，效果就更佳。一位名叫"靳朝"的朋友，你可以谐音地称道："数风流人物，还看今朝！可谓意味深远呀！"对一位叫"春生"的朋友，可随口吟出："野火烧不尽，春风吹又生。"总之，直呼对方名字，或者适当地围绕对方的姓名来称道对方不失为一种好方法。

2. 从对方的容貌谈起

初见对方，你一句"你好像我的一个朋友"，对方可能会惊奇地反问"是吗？"进而打开了你们聊天的话匣子。人们对自己的相貌或多或少地感兴趣，陌生的双方从外貌聊起就是一个很不错的交往方式。把对方和自己朋友并提，无形中就缩短了两人之间的距离，接着在叙说两人相貌时，可适当地给对方以赞扬，因而使你和这个陌生的新朋友拉近了距离，交往也不再生疏。

3. 攀亲拉故，寻找共同点

擅长交际的人，常用"攀亲拉故"的方法加深彼此间的关系，会给双方添上一层浓郁而亲切的乡情。

有一位记者想采访陈景润，他就利用了同是湖北人拉近了彼此的关系。这位记者与数学家的夫人由昆女士寒暄时说："听说您也是湖北人，普通话说得竟然这么好啊？"（拉故中含赞扬，一举两得，更具魅力。）由昆听后惊喜地回答："是吗？我跟湖北人还是说家乡话的！"于是，双方都因认识了老乡而变得愉悦，话语自然多起来，气氛变得轻松，采访者顺利地完成了他的采访任务。

攀亲拉故，在一定的情境之下，可使生疏变得熟悉，陌生变得亲近，故事里假如记者语言生硬，由昆女士保持缄默，记者就不会了解陈景润的家庭生活。恰当的攀亲拉故，容易与对方产生心理共鸣，从而找到共同语言，也就容易得到帮助。

4. 引导对方谈得意之事

人们总是在谈论自己引以为荣的事情的时候兴致勃发、畅所欲言。任何人都有引以为自豪的事情。但是，再自傲、再得意的事情，如果没有他人点拨和询问，自己说起来也无兴致。因此，你若能恰到好处地提出一些问题，定使他心喜，并敞开心扉畅所欲言，你与他的关系也会融洽起来。

5. 赞美对方，化解戒心

孩提时，家长们常给我们灌输"不要和陌生人说话"的思想。可是长大后，如果你有求于人，不得不开口时怎样才能消除对方的戒心，拉近对方的距离从而达成目的呢？你可以从赞美对方开始。

一次，原一平去拜访一个著名的老板，但是他们之前并未谋面。原一平首先说道："您好！先生。"对方停顿了一下，说："你是？"原一平说："我叫原一平，是明智保险公司的，今天特来贵地，想请教您这位附近最有名的老板几件事情。"老板更不解了："什么？附近最有名的老板？"原一平很激动地说："是啊，根据我了解的结果，大家都说这个问题最好请教您。"那位老板态度明显好了许多："哦，大家都说是我啊！真不敢当，是什么问题啊？"原一平真诚地说："实不相瞒，是有关如何有效地规避风险的事。"这个时候，睿智的老板非常热情地说："别站着说话了，请进来说吧！"

上面这个故事里，原一平用真诚的赞美之词赢得了商店老板的好感，成功化解了老板的戒心。俗话说，赞美乃畅销全球的通行证。人人都渴望得到他人的赞美，这是人之天性使然。适当地赞美别人，就等于消除了几分彼此间的陌生感。赞美的话语，人们都会感到高兴，更容易放下心理隐藏的戒心。所以，初次见面说一些赞美对方的话，将更有利于缩短彼此间的距离，融洽双方的交往气氛，也为未来的深入交往奠定了基础。

6. 做个忠实的听众

交谈中以笑声回应对方，适时地反映自己的情绪，让彼此间摒弃陌生感，尤其要发挥笑的作用。即使对方说的笑话并不很好笑也应以笑声支援，产生的效果会令你大吃一惊，因为双方同时笑起来，无形之中产生了亲密友人一样的气氛。

初次见面最大效率地推销自己，有助于自己更快地步入成功。人际交往中第一印象十分关键，与其落下坏印象还不如主动出击推销自己，既能给别人留下美好的印象，又能快速地拓展人脉，找寻到你生活和事业的忠实伙伴，不必顾虑什么，把握好初次见面的时机，大胆地推销自己吧！

成功悟语

缩短彼此间的距离感首先要想办法打开话匣子，只有打开话匣子，才有交往下去的可能；有了亲近的感觉，方可更好地交谈和交往。"万事开头难"，初次见面非常重要，同时蕴涵机遇。要学会巧妙地说话，增强对方对自己的好感，奠定日后良好交往的基础，因此，一定要懂得察言观色、扬长避短、推己及人，尽量将话说得巧妙、完满。这样，才可能让他人对你"一见钟情、一见倾心"。

遵循尊重他人的社交准则

常言道，要想别人尊重你，你就得先尊重别人。社交场合也是一样，要想让别人按你的社交准则办事，你就得首先尊重他人。在社交场合，营造友好、和善、尊敬的良好氛围，对每个人来讲都是一门重要的功课。因此，无论何时何地，我们都应该以最恰当的方式去待人接物，使之深入我们的骨髓，浸入我们的血液，从而更成功地进行社会交往。

社交中我们要真诚地去关心他人，以发自内心的热诚与微笑对待他人，做一名忠实的听众，以博得对方的好感，用恰当的方式去推销自己。同时还要恰当地去赞美对方，心胸开阔，善于发现别人的优点，遵守社会的道德规范，这样才能体现出一个人的教养和品位，更有利于我们推销自己、获取成功。在社交场合中，如何运用社交礼仪，并发挥其应有的效应，创造更好的人际关系，同遵守社交准则密切相关。社交场合中，最重要的就是能够让别人体会到你的亲切和与众不同，这可以说是一种社交场合必备的自我推销手段。那么，我们应该结合自己的实际情况，应用他人喜欢的社交准则来推销自己。

1. 真诚与尊重并存

真诚，是良好的人际关系中最重要的因素，是打开人们心灵的钥匙，是对人对事的一种实事求是的态度。对人尊重彰显你的大将风度，这既是礼貌的表现，同时也是成功的基石，社交场合中我们只有真诚尊重对方才能获得对方的真心，才能使双方心心相印，从而友谊地久天长。

古希腊的大学者苏格拉底曾经说过："不要靠馈赠来获得一个朋友，你须贡献你挚情的爱，学习用正当的方法来赢得一个人的心。"由此可以看出在与人交往时，真诚与尊重并存，二者是相辅相成的，唯有真诚待人才是尊重他人，才能创造出和谐愉快的人际关系。在社交中我们要给他人留有充分的表现机会，表现出你的真诚和尊重。

2. 宽容接纳别人

宽容乃人生的桥梁，是创造和谐人际关系的法宝。要宽以待人，多站在对方的立场考虑问题，发现别人的长处补己之短，而不是去责备、去斤斤计较。"水至清则无鱼，人至察则无徒。"说的即是在人与人之间不要把别人的缺点无限放大，过分地追求完美主义，指责他人的过错，那样就会失去朋友和事业上的合作伙伴。

我国近代历史上杰出的民族英雄林则徐，在查禁鸦片时期，曾在自己的书室里写下了这样一副自勉联："海纳百川有容乃大，壁立千仞无欲则刚。"这副对联就是告诉我们要心胸宽广才能变得伟大，要放弃无谓的享乐欲，才能像大山那样刚强雄健。林则徐提倡的这种精神，令后人钦佩，为后人之鉴。

从前有位富翁，心地很善良，他盖了一栋大房子，为了使贫苦无家的人能在房檐下躲避风雪，他家房子的房檐比一般的房檐要高出一倍，房子建好了，有许多穷人聚集檐下，有做买卖的，生火煮饭的。嘈杂的人声和油烟，使富翁的家人相当不悦，时常与檐下的人争吵。冬天，有个老人冻死在檐下，大家痛骂富翁不仁。夏天，因为屋檐太长，一场大风将房子掀了顶，村民们都说这是恶有恶报，在重新修建时，富翁要求把房檐建小点，并捐款盖了一间小房子，许多无家可归的人都获得暂时的庇护，从此富翁成了最受欢迎的人。

上面这个故事里富翁的宽容真正赢得了村民的欢迎，富翁不记村民的不好，而是一心为村民着想，并最终得到村民的爱戴。

3. 待人诚信

"诚信"就是诚实正义，恪守信用，孔子曰："民无信不立，与朋友交，言而有信。"强调的正是人与人之间交往的诚信原则。我们在社交活动中，一定要准时赴约，答应别人的事一定要说到做到，信守承诺，如果没有百分之百的把握就不要轻易去许诺，许诺倘若做不到，反落了个不守信用的恶名，将会永远失信于人。

有一次，一位朋友在公司门口叫了一辆出租车，要去拜访客户，过了一会儿，出租汽车到了客户那里。可这位朋友一摸口袋，刚换完衣服匆忙出来钱包忘记带了，而口袋里也只有20元钱。这位朋友把实情告诉了那位司机。这位司机说："没有关系，只差2元钱而已。"不过，这位朋友没有就这样算了，而是把这辆车的牌照号码记了下来。过了几天，这位朋友有事情要出去办，又拦了辆出租车，恰好是上次那辆车。这位朋友上车后便把上次的事对司机说了，并在下车时多给司机2元钱。那位司机说他早已忘了，听这位朋友讲了才记起来。

故事里这位朋友在生活中信守承诺，给司机留下了深刻的印象，我们在社会交往中亦是如此，诚信能使我们给他人留下更深刻的印象。

4. 保持自我

苏联无产阶级作家高尔基曾言，只有满怀自信的人，才能在任何场合都应付自如，并实现自己的意志。社交中唯有对自己充满信心，才能在交往中如鱼得水，工作得心应手。自信心，能使人不断地超越自己。

世界著名的音乐指挥家小泽征尔，在参加世界优秀指挥家大赛的前三名决赛时，演奏中小泽征尔突然发现乐曲中出现了不和谐的地方。起初他以为是演奏家们演奏错了，就指挥乐队停下来重奏一次，但仍觉得不对。他认为乐谱有问题，这时，在场的作曲家和评判委员会权威人士都坚持说乐谱肯定没有问题，是他错了。面对一大批音乐大师和权威人士，他再三思考，坚信自己的判断是正确的，斩钉截铁地大声说："不！一定是乐谱错了！"话音刚落，评委席上的评委们立即起来，报以热烈的掌声，祝贺他大赛夺魁。原来，这是评委们精心设计的"圈套"，但小泽征尔坚信自己的判断，夺得了指挥家大赛的桂冠。

这个故事说明，我们既要尊重社交准则，又不能盲目地顺从他

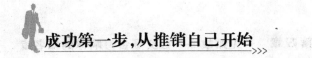

人，而失去了自我。使得自己的优点被他人的光环掩盖了，自己的成功又从何谈起呢！

遵循他人的社交准则要求我们在自我推销的时候，不能漫无目的、随心所欲地展现自己，而是要认真研究他人的行为习惯，以对方喜好的方式去做人做事，方可赢得对方的好感。投其所好并非刻意迎合他人，而是最大化推销自己的目的使然，让你的成功效能发挥至最大。

成功悟语

遵循尊重他人的社交是中华民族的传统美德，知书达理，以礼待人可给人留下良好的印象，营造和谐而丰富的人际关系就要求我们要树立自己的良好形象、讲究礼仪，并且尊重他人的社交准则，按照他人的规则办事，这也是我们迈向成功的重要素质之一。

不唱独角戏，与大家融为一体

职场上有这样一个铁打不变的"天条"：你有多大的能力不重要，重要的是，你的能力被谁认可，谁愿意用你。能及时融入团队的是那些聪明的有成功潜质的人，团队抛弃的往往是那些孤傲的人，因为人不可能孤立地存在于任何地方。一个从"能干的人"到"团队好伙伴"的蜕变过程，就是你通往成功的必经之路，得到了团队的认可，你的职场道路也会走得更加顺畅。

职场中团队的合作力是很重要的，作为一个个体，在拥有属于自己的成功之前，首先要赢得整个团队的接纳，这是一个非常关键的自我推销过程，也是自己在未来的工作中能否赢得更多帮助的一个中心点。有这么一些频繁跳槽的人，他们总是抱怨自己怀才不遇，感慨工作环境不好，无法与其他同事融洽地相处。他们始终不明白自己与他人工作不合拍的症结在哪里，更没办法从根源上想办法去改变它。

职场团队中，每个成员的优缺点都不尽相同，渴望成功的人往往积极寻找并学习团队成员中积极的品质，在团队合作中把自己的缺点和消极品质消灭到最小。有许多人自命清高，自认为自己能力出众，总认为他人对自己一点作用都没有。其实，再优秀的人都有需要他人帮助的地方。我们不能只看重一个人的辉煌业绩，而是要看到在其背后的团队支持。只有全体人员发挥最大的积极性、主动性、创造性，才会有团队及个人的成功。

一位能力出众的员工，因在一次谈判中表现出色，为公司赢得了很好的效益，受到老板的表扬。至此之后他更加认识了自己的能力与价值，老板的赞赏让他觉得自己非同一般。在以后的工作中，他形成一副自高自大、目中无人的样子，轻易不和其他同事交往、沟通，在公司里也是独来独往。其他同事因他的态度而渐渐疏离了他，都不愿意与他合作。于是，他被大家边缘化，成了被孤立的人，在诸多事情上都陷入了尴尬的境地。后来一次业务活动中，由于他消息不灵判断失误，给公司造成了很大的损失。老板的恼怒、同事的白眼，让他无法再继续待下去，最终他很不体面地自行辞职。

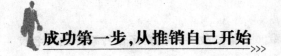

这个故事说明，能力出众的人，不融入团队，他的能力也会受拘束。而那些一心"向上看"的人，也会因脱离群众而被边缘化，最终离成功渐行渐远，事业受到损失。而新加入团队中的人，往往会有不容易融入团体的案例，我们不妨来学习一下。

在新人入职培训的时候，小王对以后的工作充满了期待。但是在银行仅仅上了一天班，小王的心情就变得非常沮丧。因为他发现，像自己这样的新人进入银行后，遭遇的都是"冷面孔"，根本无法融入新团队。网点负责人给他丢下最近要做的任务就走了，而柜台里面的老员工都不理小王。工作中碰到一些问题，去请教这些老员工，他们通常是一两句话就把小王打发了。一旦小王追问一下为什么要这样做，就会碰到一句"冷冰冰"的话："在银行，没有那么多为什么可问！"

如果说是因为工作忙，没时间回答小王的问题也就算了。可是在休息时间，老员工照样对小王很冷漠。看到他们中午休息时聊天，小王偶尔插上几句，但是他们总对小王的话爱答不理。要是在聊天的时候，小王提起了一些业务流程中的问题，他们一般的反应就是："不是已经跟你说过了？"然后继续他们的话题。

刚进银行时的激情就这样慢慢被消磨了，小王感觉很难过，不过小王并没有消沉。后来趁自己有时间，去老员工面前介绍自己，帮他们做一些小事，比如做一些印刷、传真、传递单据、扫扫地等事情。老员工发现小王乐意帮助他们，教小王做的事情多了，也愿意跟小王交流了。小王也逐渐融入了这个团体。

这个故事中，积极进取的小王心态上很想融入这个集体，也想虚心向老员工学习业务知识，其实这是一个非常艰难的推销自我的过程。好在凭着他勤奋、热心，最终让老员工接纳了他。

如何与大家尽快地融为一体，可以从这几个方面入手。

1. 对同事的工作表示出关心和兴趣

环视四周，"自扫门前雪"的现象普遍存在，对团队其他成员的工作、生活、问题等，漠不关心，下班时间一到，立刻消失在自己的世界里。其实，以下的话题可能会让他人更容易接纳你。

①你的工作是否顺利呢？

②你在工作上好像得心应手，能否将得意的地方与我们分享一下？

③工作上有没有棘手的问题？是否有需要协助的地方？

④你是这方面的高手，请教一点问题？

看似偶尔的关心，但所得到的回馈却是令人惊喜的。一些人喜欢推、拖、拉，害怕做得太多而吃亏，而你对同事的关心和兴趣，正是将你推销给他人并因而获得帮助的原因。

2. 做个好听众

工作中认真聆听，领导印象里你就代表着专心、认真、细心，决心想把事情做好；而在 8 小时之外的休闲中多听，能吸收很多不同的资讯。我们会见到有些人喜欢高谈阔论、滔滔不绝，当别人提出话题表述时，便转头离去。人们最大的缺点，就是排斥或忽略了他人的宝贵经验，只选择他们爱听的、想听的。为了与大家融为一体，当同事或主管表达意见或提出指示时，我们要专心而诚恳地倾听，必要时作出反应点头示意。做一个好的听众既表示了对他人的尊重，也收获了我们想要的资讯。

3. 与他人协同合作

工作中密切合作更容易加深彼此的了解和感情，让你的步调与团队一致。当然，我们不能忘记团队的根本功能或作用，即在于提高组织整体的业务表现，于是，团队的所有工作成效最终会不由分说地在一个点上得到检验，这就是协作精神。如果没有对自己工作岗位的深切了解和认识，就没有执著的工作协作精神，也就难与大家打成一片了。

4. 肯定他人成就

①他有什么过人之处？（是否自己很了不起呢？）

②那种小事很简单谁都可以做。（自己为什么没做呢？）

③你是你，我是我！（难道他的优点不值得自己学习吗？）

④他这次成功全靠运气！（平心而论，难道仅仅是运气吗？）

一些消极的想法，会制造隔阂，妨碍自己的进步。相反地，我们应该积极主动摆正心态，让别人了解自己的分量。

我们都知道不管自己走到哪里都需要与人进行交流，就算自己再能干也不可以目中无人地独自一人把所有的事情都做好，所以无论如何我们都不要只顾着表现自己而忽视了身边人的感受，无论如何都不要把自己推向一个自我孤立的角落，不管什么时候都不要忽视了团队的力量，都要将自己的真诚融入到整个团队中去，用友好的自我推销方式赢得群体的支持和接纳，只有这样，我们才能工作得更顺利，生活得更精彩。

先有团队才有个人，个人与团队的关系是"一荣俱荣，一损俱

损"，我们每个人都要积极融入到团队中，与大家融为一体。试着检查一下自己的缺点吧，比如自己是不是还是那么对人冷漠，或者还是那么言辞犀利。想想这些缺点在团队合作中会成为你进一步成长的障碍，那将是多么可怕的事情。如果你意识到了自己的缺点，就要注意改正，否则你就会被边缘化。

"套近乎"的几个技巧

试想，如果有人与你搭讪，而且话语如暖暖阳光让你心花怒放，你还能对他拒之千里吗？当然是不会的。古往今来，"套近乎"都是成功交际的重要手段，经营人脉更离不开套近乎。把话说到对方的心里去，让你与对方"一见如故"，只有把人脉关系网上打了"结"，网络才会结实、实用。推销自我才算成功，你的事业也会因人脉宽广而获得腾飞。

如何与不太熟识的人拉近关系，这需要技巧。与人的沟通太需要技巧了，语言有时候可能是非常软弱而苍白的，一个动作、一个手势、一个眼神甚至沉默不语都可能是非常有效的沟通，为别人做一件有意义的事情胜过说 100 句话。而套近乎，就是巧妙地找到共同点。尽管说"套近乎"的解释很有意思，一般释义为"和不太熟识的人拉拢关系，表示亲近"。在现实中这个词多为贬义，这样说来与人套近乎这件事似乎并不光明磊落，但实际上并不是这样。

套近乎的作用远大于你说 100 句话，做很多事情。

被外界称为汽车销售大王的乔·吉拉德，是美国汽车销售界的传奇人物，他并没有三头六臂，也没有强硬的背景做后盾，而他成功的秘诀就是与人套近乎，金口一开，就会让你从心底觉得你和他是很久没见面的好朋友，就像昨天刚刚一起打过球，喝过咖啡似的。

"哎哟，兄弟，好久不见，你躲到哪里去了？"如果你曾和乔·吉拉德见过面，你一进入他的展区，他那迷人的、和蔼的笑容就会出现在你面前，他朝你热情地打着招呼，呼喊着你的名字，尽管你们有好几个月没见面了，但感觉就像你昨天刚刚来过。亲切热情的他，让本来只是想随便看看车子的你有一点局促不安，"我只是随便看看，随便看看。""天哪，来看望我必须要买车吗？那我不就成了孤家寡人了？无论如何，能够见到你，我就感到十分高兴！"

你的尴尬和局促让乔·吉拉德的几句话赶得无影无踪，也许你会跟他到办公室坐坐，聊一会儿天，喝几杯茶，爽朗而不放肆地大笑一气。当你起身告别的时候，你的心里会产生一种恋恋不舍的感觉，这个时候，你的购买欲望会变得更加强烈，原本的购置计划也许会提前落实。

对于完全陌生的顾客，他也有自己的一套办法与之套近乎。一天，一个做建筑的工人来到他的展位，吉拉德同样热情地与他打招呼，但并没有急于介绍自己的商品，而是和工人谈起了建筑工作，吉拉德一连问了好几个关于施工队的问题，每个问题都围绕着这位建筑工人所熟悉的问题，比如"您在工地上具体是哪个岗位？""附近的某个小区你是否参与过建造？"等等，几个问题下来，这位建筑工人和他交谈甚欢，成了无话不谈的好朋友，这位顾客不但非常信赖地把挑选汽车的任务交给了他，而且还积极介绍他和自己的同事们认识，使吉拉德的商机进一步扩大。

这个故事告诉我们，销售人员善于套近乎，就利于他结交朋友做成订单，获得成功。而执著追求成功的我们，也要转变一下我们的思维，用最有效的方式，打破人与人之间的隔阂，早日踏上成功之路。

职场新人应该主动跟同事套近乎，比如早上上班说声"早上好"，下班回家说声"拜拜"；偶尔买点零食给同事，送点小礼物之类的，都能增加同事对你的好感；工作中，要谦虚谨慎，多跟同事请教、学习；平日里，多关注、赞美同事，如"你今天穿的衣服颜色真好看"等。一些小细节可能大大改变同事对你的印象和评价，从而也会影响他们对你工作上的帮助和支持。在这里也提醒新人，套近乎的时候，忌太造作太刻意，应该学会不露痕迹，恰到好处。

恰当的言辞会融洽彼此间的关系，而夸大其词的行为则让人憎恶，效果适得其反，以下建议希望对你有所帮助。

1. 索要礼物

当朋友索要礼物时，一般人的第一反应是他把我当真正的朋友，不介意这些财物上的事情，当然礼物都是物美价廉的。有位老师为融洽新班级同学的感情，就在学生玩自制手工时，告诉他们这些手工很精美，如果他们肯将手工送给老师，老师会特别珍惜。因为是自己制作的，学生也会大方赠送。有时，这位老师还会伸手去要学生吃的零食。索要学生礼物后，还会找个恰当的机会回赠学生一个小礼物,有时是一个鸡毛毽子,有时是一支中性笔,有时是一个小玩具,有时是一只纸折的千纸鹤。伴随着这些小礼物在师生间的交流,教师对学生的关爱在孩子的心中绽放出了绚丽的花朵,打开了学生的心扉,师生的感情得到升华。

2. 攀扯关系

关系是一种感情的凝聚和礼节的融通。拉关系,要循循善诱,顺理成章,委婉自然,让上级感受到虽是不经意地提起,却一语中的,牵动着上级的旧情,甚至让上级陷于对旧情旧事的沉湎中。如果能把与上级的关系攀附到这分儿上,何愁上级对你托办的事情袖手旁观呢?初涉新单位的人,也可从老乡会、兴趣组来入手,拉近你们的关系。

3. 拜师学艺

人无完人,在许多方面,我们不如他人。有人说一口流利的英语,有人精通天文地理,有人擅长玩电脑,我们可就学习某一领域的知识为由,拜他们为师。一般情况下,对于自己擅长的领域人们会欣然允诺的,同时他会增加对你的好感。拜师学艺,使该放的都放下来,双方交往平等了,关系才会更加的融洽。

"套近乎"并非溜须拍马,相反,这是你积极自我推销的最佳捷径,以一种受人喜欢的方式接近对方,让对方在短时间内接纳你,让你的个性、观点与对方碰撞,产生出"相见恨晚"的感觉,你们的关系就铁了,你还愁今后做实业缺帮手吗?这一定是多虑的。

"套近乎"像一根彩带拉近了彼此心灵的距离,越套情越牢。

只有和对方建立起良好的互动，才不至于一张口就冷场！套近乎是一种积极的人生态度，也是渴望成功的人们身体力行的一项重大实践。想与陌生的对方有个好的相处模式，那就主动与其打招呼吧！套近乎可不是让你去讨好他哦，不然会适得其反！把他当成才认识的朋友就好！

藏与露的转换

主动推销自我容易获取机会，推销太过容易惹人反感，隐藏太深容易失去机会，显露太过容易招人生厌。何时才是显露的合适时机？其实不是度的问题，也不是设计心机、耍手段的问题，而是与你目标理想之间距离的问题。人能够在劣势时候不逞强，强势时候不避缩，那么你在韬晦征途上就已经入门了。学会了藏与露的转换，就不会让你在人生的哪个阶段无故翻船。

在推销自我的时候，也许你对对方也是一知半解，过早地暴露自己的实力，也同时显出了自己的缺陷，以至于在不分敌我的竞争中处于不利的被动境地。人们在竞争的初期，会像刺猬一样，十分谨慎地保护好自己，尽可能做到不露声色，这样，在知己知彼的情况下，获得竞争的主动权，从而获得成功。

人常说"出头的椽子易烂"，经常有人稍有名气就四处扬扬自得地自诩，喜欢被别人阿谀，这些人早晚会吃亏的。所以在处于被动地位时必须要学会收敛锋芒，切不可把自己变成对方射击的靶子。

一位工程师和一位逻辑学家相约赴埃及参观著名的金字塔，他俩是无话不谈的好友。到埃及后，有一天，逻辑学家住进宾馆后，依然习以为常地写起自己的旅行日记。工程师独自徜徉在街头，忽然耳边传来一位老妇人的叫卖声："卖猫啊，卖猫啊！"工程师一看，在老妇人身旁放着一只黑色的玩具猫，标价500美元。这位妇人解释说，这只玩具猫是祖传宝物，因孙子重病，不得已才出卖以换取住院治疗费。工程师用手一举猫，看起来似乎是用黑铁铸就的。不过，那一对猫眼则是珍珠的。于是，工程师就对那位老妇人说："我给你300美元，只买下两只猫眼吧！"老妇人一算，觉得行，就同意了。工程师高高兴兴地回到了宾馆，对逻辑学家说："我只花了300美元竟然买下两颗硕大的珍珠！"逻辑学家一看这两颗大珍珠，少说也值上千美元，忙问朋友是怎么回事。当工程师讲完缘由，逻辑学家忙问："那位妇人是否还在原处？"工程师回答说："她还坐在那里，想卖掉那只没有眼珠的黑铁猫。"逻辑学家听完，忙跑到街上，给了老妇人200美元，把猫买了下来。工程师见后，嘲笑道："你呀，花200美元买个没眼珠的铁猫！"逻辑学家却不声不响地坐下来摆弄琢磨这只铁猫，突然，他灵机一动，用小刀刮铁猫的脚，当黑漆脱落后，露出的是黄灿灿的一道金色的印迹，他高兴地大叫起来："正如我所想，这猫是纯金的！"

原来，当年铸造这只金猫的主人，怕金身暴露，便将猫身用黑漆漆了一遍，俨然像一只铁猫。对此，工程师十分后悔。此时，逻辑学家转过身来嘲笑他说："你虽然知识渊博，可就是缺乏一种思维的艺术，没把问题想透。你应该好好想一想，猫的眼珠既然是珍珠做成的，那猫的全身会是不值钱的黑铁所铸吗?"

常人看来，猫眼是最值钱的地方了，因为它显眼；而思辨家会前后推理，知晓更大的价值在哪里。所以，这也是藏与露的艺术所在。

工作不只是填饱肚子而已，更应该是理想的追求，但对功利的藏与露很容易在人与人之间引发微妙的关系。所以说做好藏与露的转换确实不易，"藏"的艺术表现在以下几个方面。

1. 给人留足脸面

不管是陌生人还是不对头的冤家，不能拿对方的毛病开玩笑。也不要自以为彼此很熟，就随便拿对方的缺陷开玩笑，揭人伤疤。一旦伤及对方的人格、威严，让对方下不了台，那你可能就失去一位朋友甚至增加一个对手，这是很可怕的后果。

2. 放低说话的姿势

人逢喜事、春风得意，来自于他人的恭贺，当你谦恭有礼、放低姿态，才更显示出你本人的过人风采，淡化别人对你的妒忌心思，以便人际关系处理得更加和谐、融洽。

3. 不伤人自尊

说话要讲技巧、有分寸，话语不要伤及他人。礼让不是人际关系上的懦弱，而是把无谓的攻击减淡到零。推销自己时要谨记尊重对方，不求满足对方的自尊心，但也要让对方感觉舒服。

4. 得意但不要忘形

春风得意时要少说话，不能跟着别人的夸奖而迷失了自己，只

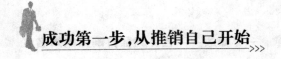
有不断地自强才能得到别人的尊重。

5. 反求诸己

要想在人际关系中能够以舒服的心境工作,并与上级关系融洽,那就多注意自己的言行举止。态度上低调、工作上踏实的人,领导们更愿意重用他们。如果你幸运的话,还很可能被上司意外委以重任。

6. 三思而后行

凡事要深思熟虑,说话和推销自己也不例外,在启齿说话之前也要考虑一下,断定不会损害别人再说出口,才能有出言如山的效果,你也才能得到别人的尊敬和认可。

7. 摒弃尖酸刻薄

说话最能推销自己,但说得不好也会砸脚。言为心声,言语是思想、品格的反映。不负责任,胡言乱语,造谣中伤,挑拨离间等,都是得不到别人好感的说话方式。

而"露"的艺术则表现在以下几方面。

1. 坚定自己的信念

不管你碰到了什么挫折困难,皆应该以持之以恒的信念和毅力,激励自己,激励别人,把自己锻炼成一个做大事的人。

2. 做好本职工作

我们需要豪情,需要开辟,让我们从现在做起,脚踏实地,扎扎实实做好本职工作,在平常的工作中释放豪情。

3. 不让借口损耗自己的愿望

不管什么时候,人们皆没有为本人寻觅借口的理由,只有尽职尽责,一往无前,不觅借口,才能实现自己的愿望。

4. 成功需要付出努力

自古至今，凡是成事者，成大事者，莫不历尽磨炼，在磨炼中完成了蜕变，也成就了事业。

5. 学会激励自己

能自我勉励的人就算不是一个成功者，但相对不会是一个失败者，你还是趁早练练这"功夫"吧！

推销自己要把握藏与露的艺术，什么东西可以展现？什么情况下要保持低调？对别人该表现些什么？与其说是我们对于生活的选择，不如说是我们对自我推销、对成功的隐忍追求。推销自己，要善于在藏与露之间灵活转换，变通人际关系，掌握成功的脉搏。

成功悟语

现代社会有句流行语，高调做事，低调做人。在一切竞争中，我们都要克制自己的欲望，分清主流和支流。不断地打造自己的实力，一个人有愿望，再加上坚韧不拔的决心，就会产生奇迹；一个人有盼望，再加上锲而不舍的努力，便会达到目标。明白了自己的既定角色，离成功还有一大截距离，这时候，"藏"与"露"的转换，让你拨开云雾，眼前现出朗朗的青天。

唤起别人注意力的秘诀

人们都是匆匆忙忙于自己的事务，很少关心他人的生活。推销自我并非易事，难点就在于如何赢得关注，但你不能像空气一般无形。你只有越早地抓住大家的视线，摸透了他们的心理，才能越早地与他们接近，推销你的思想及一切，从而提升你的事业。

唤起别人的注意力简单，只要做得稍微出格就可以，但往往带来的是别人厌恶和唾弃的负面效果。推销自己，展现的是我们积极正面的形象，给人以舒适、愉悦，从而产生想与你交朋友的感觉，这并非易事。但，苦心孤诣，也不是难事，只要你心诚且掌握了方法，贵人，就在你身边！

曾有一位学者说："信息所消耗的主体客体是显而易见的，它占据了受众的注意力。"随后这位学者荣获了 1978 年的诺贝尔经济学奖。直到 21 世纪的前几年，随着互联网的兴起，"注意经济学"这一理念才真正开始为世人所接受并受到关注。吸引人注意除了你的衣着装扮以外，我们相信它还有很多内在的东西值得人们去探究。

某大学的一批电子传媒的研究生，毕业前夕来北京实习，导师安排他们在某部委实验室参观。

　　学生们百无聊赖地坐在会议室里等待部长的到来。服务员给大家倒水，同学们表情木然地看着她忙前忙后，其中一个还问了句："有绿茶吗？天太热了。"服务员回答说："抱歉，刚刚用完了。"小林看到这个情形，觉得同学不应该要求太多，轮到给他倒水时，他轻声说："谢谢，大热天的，辛苦了。"服务员抬头看了他一眼，满含惊奇和感激，这是很普通的一句客气话，却是她今天听到的唯一一句，她很感动。

　　门开了，部长进来和大家打招呼，不知怎么回事，静悄悄的，没有一个人回应，小林左右看了看，犹犹豫豫地鼓了几下掌，同学们这才稀稀落落地跟着拍手，由于不齐，越发显得凌乱起来，部长挥了挥手："欢迎同学们到这里来参观。平时这些事一般都由办公室负责接待，因为我和你们的导师是老同学，非常要好，所以这次我亲自来给大家讲一些有关情况。我看同学们好像都没有带笔记本，这样吧，小王，你去拿一些部里印的纪念手册，送给同学们作纪念。"

　　接下来，更尴尬的事情发生了，大家都坐在那里，很随意地用一只手接过部长双手递过来的手册。部长的脸色越来越难看，走到小林面前时，已经快没有耐心了。这时，小林很有礼貌地站起来，身体微倾，双手握住手册恭敬地说了一声："谢谢您！"部长闻听此言，不禁眼前一亮，伸手拍着小林肩膀问："你叫什么名字？"小林如实作答，部长微笑点头回到自己的座位上，早已汗颜的导师看到此景，微微松了一口气。

　　几个月后，毕业分配表上，小林的毕业分配去向赫然写着该部委实验室。有几位颇感不满的同学找到导师："小林的学习成绩最

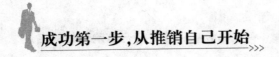

多算是中等，凭什么选他而没有选我们？"导师看了看这几张尚属稚嫩的脸，笑道："是人家单位点名来要的。其实你们的机会是完全一样的，说实话你们的成绩甚至比小林还好，但是除了学习之外，你们需要学习的东西太多了，比如即将踏上社会的第一课便是做人。"

这个故事里，小林并没有用诡异离奇的办法赢得导师和部长的信任，而是凭着自身直率、推己及人的心理说了几句话，而打动了他人。做事先做人，这句话古来有之，却永不过时。道德修养和做人处世是一个人的事业的基础所在，修养能表达出一个人内心高尚的情操，它并不是那些投机者装模作样的外在行动。在同等的机会面前，成功更偏向于那些修养好的人。所以说，真诚、素质、涵养在任何时候都有作用，它更能唤起别人对你的注意力。虽然涵养没有必要通过大事情来体现，它更能体现一个人的品质，事情往往从小细节上就已经决定了成败。

唤起别人的注意，是推销自我的第一步。但追求抓住别人的视线，还要能产生正面效果，简单易行的几个方法会让你受益匪浅。

1. 学会露脸

学会露脸是唤起他人注意最直接的办法。你可以尽可能多地培养自己的兴趣爱好，多结交朋友，多参加一些会议，多参加各式的联谊活动，多出席一些高层次的项目会议，并大胆地提出自己的见解，前提是你的见解有新意。值得注意的是，一定要谨慎小心，把握好度，否则可能会适得其反。

2. 要敢于挑战"吃螃蟹"

当大家退缩、沉默的时候，你可以勇敢地站出来试一试，即使失败了也不要紧，做了总比不做强。承担其他人不愿干的事，虽不风光安逸，但可成为你将来成功的一大筹码。尤其注意，要尝试前做好准备心里有数，小心弄巧成拙。

3. 借助新事物做媒介

善用每天的时间，认识新的人和事物。忙碌的一天过去，人们更喜欢用网络来打发自己的时间。"注意力经济"成功应运的各种有趣案例更是数不胜数。它们巧妙地与传播迅速的互联网相结合，取长补短，淋漓尽致地将双方各自的优点特质充分发挥。看看我们周围迅速崛起并蹿红的博客、播客和交友网站就知道了。你不一定是新潮的人，但必须要有一颗新潮的心。

成功悟语

写了一点自己行业的专业知识经验以及网上经验谈就立马招来了众多"粉丝"，也许你在众人面前引用了一句很有哲理的话语而让人印象深刻，诸如此类，唤起别人注意力的秘诀也许是不经意的，但一定是有章可循的。投机不如打好基础，只有你有实力，别人才会看好你，是金子总会闪光，需要你自己想办法将光芒不断地投射出去。

幽默的润滑剂

在充满幽默感的人的世界里，仿佛永远是欢声笑语，和有幽默感的人打交道，人们的生活也是其乐无穷。推销自我，如果善用幽默的口吻，那你就有了超越常人的力量。不但能博得在座者的喜爱与赏识，同时也是博得上司或同事、朋友好感的最佳秘诀。市场经济条件下，幽默成了一种无形的竞争资本，显示出了独特的魅力，也成为了成功者必用的法宝之一。

日常交往中我们不难发现，很多人反感谈论悲伤、尖锐或沉闷的话题。相反，明朗、幽默的话题却深受大众喜爱，因此，话题要选择明朗而活泼的，还要用一种机智的方式表达出来，才会引得大家的高度注目。人们常说，假如人生是一条长街，我不愿意错过这街上每一处细小的风景。那么这风景一定是幽默带来的欢快的心情。

初涉职场的人们，幽默可缓解他们的紧张与压力，甚至会获得不可常得的机遇。同时，它还是我们成功推销自己的一种非常有利的工具，能够在瞬间使我们摆脱尴尬，赢得转机，从而成功地赢得对方的认同和支持。请看下面一则故事。

在一次电台招录主持人招聘面试中，面试官问一位女同学：

"三纲五常中的'三纲'指的是什么？"这名女同学回答说："臣为君纲，子为父纲，妻为夫纲。"回答中她刚好把三者关系颠倒了，引起了哄堂大笑。可她气定神闲，幽默地说："我说的是新'三纲'，如今人民当家做主，公务员是人民的公仆，当然是'臣为君纲'；计划生育产生了大量的'小皇帝'，这不是'子为父纲'吗？如今，妻子的权利逐渐升级，'模范丈夫'、'妻管炎'流行，岂不是'妻为夫纲'吗？"新锐的见解让面试官眼前一亮，顺利将其录取。

这个故事中，女同学机智幽默的回答，不仅显示了她竞争的实力，她的口才与智慧也展露无疑，最终使她成功地推销了自我，顺利地通过了面试。

陌生人相见，气氛尴尬、话题不多，而适时的幽默使得沟通更加顺畅，感情更加融洽。幽默不仅为人才竞争提供实力，而且在商品竞争、公关广告宣传方面也立下了汗马功劳。人们的会心一笑，就为你的崭露头角埋下了伏笔。

源于传统，很多销售人员与客户面谈的时候，经常是以严肃的态度来进行工作。在与客户面谈不顺、沟通不良的时候，适时切入幽默的言谈举止，就有助于缓和当时局促的气氛，使面谈得以顺利地继续下去。

初次见面，就立即无的放矢地说笑话，就显得唐突，但是如果在言穷词缺、面谈不顺、沟通受阻的情形之下，那么，适当的幽默便是一服极为有效的清凉剂，可以缓和当时的尴尬气氛，在困难和问题面前，幽默让人放松紧张的神经，心情变得愉悦。这也是使面谈可再度顺利地继续下去的技巧，对面谈的效果是十分有帮助的。

在一个四季宜人的风景名胜区内,有一家名叫"泰远"的旅社,许多游客常常光顾这里。曾经有一位销售员前往这家旅社,并向旅社的老板销售酒店用品,当他与旅馆老板在旅馆中进行磋商的时候,如同一般客户的反应一样,那位老板对他说:"我再考虑一下这件事情,因为我还需要请示一下我的太太,如果有需要就给你打电话。"销售员并没有表现出失望的神情,这家旅馆名叫"泰远",与"太远"同音,因此,在听完他的推托之词后,这位同人是这样对他说的:"来到贵店'太远',如是'太近'的话,多来几次也无妨。但是偏偏我却是身居在那遥远的省会……"听了这番话之后,那位老板随之就忍俊不禁,哈哈大笑,结果当天就购买了他的一批货。

这个故事里,眼看就要黄掉的一笔生意,被销售员机智的幽默搏了回来。给人快乐,他人才会对你有好感,这是一条基本的行为定律。幽默是交际中解除紧张局面的灵丹妙药,是随机应变的有力武器,但幽默绝不是低级趣味,幽默追求的境界是哲学的简朴和思想的飘逸。

幽默的语言是人们自然感情的流露,它必须有深刻的思想意义,它的运用要服从于思想、情感的表达。仅以俏皮话、耍贫嘴、恶作剧来填充幽默的不足,换取廉价的笑是浅薄的。同一种幽默在不同的场合具有不同的效果,因此,趣味性的话语也要随着不同的场合适当地变换,使气氛更显融洽。那么,我们如何培养自己的幽默感呢?

1. 知识积累

幽默的含义是有趣、可笑且又意味深长。幽默语言是运用意味深长的诙谐语言抒发情感、传递信息，以引起听众的快慰和兴趣，从而感化听众、启迪听众的一种艺术手法。所以很多时候幽默体现的是一种智慧，它必须建立在丰富知识的基础上。一个人只有有了审时度势的能力，广博的知识，才能做到谈资丰富，妙趣横生，从而做出恰当的比喻。培养深刻的洞察力提高观察事物的能力，以恰当的比喻，诙谐的语言，方能使人们产生轻松的感觉。

2. 从喜剧中获取灵感

平时在家里准备一些滑稽可笑的录像或影碟。如，《憨豆先生》和一些喜剧片，《上帝也疯狂》《大话王》《一个头两个大》《冒牌老爸》……其他一些来自生活中真实镜头抓拍的滑稽片子，从而得到一些积累。

3. 不妨做一些脑筋急转弯

经常看一些或练习一些脑筋急转弯，可以培养你多角度地思考问题，从而变得机智、敏捷，在迅速捕捉事物本质的同时又不乏灵活性，是提高幽默感的重要方面。

4. 自我解嘲

懂得幽自己一默，而不是费尽力气自己吹嘘，自我标榜，反而只是博人一粲，让人真心受到吸引。开自己的玩笑，是从平凡的、趣味的、不完美的角度来观看自己，让别人有喘口气的机会，也是自己大度、自信姿态的一种表示。

5. 善用幽默语言

在平时的生活中多尝试用幽默的语言，平时多与有幽默感的人交朋友，只要你同他们在一起，你就会时不时找到些幽默的东西，再加上善于思考，善于动脑筋大胆尝试，慢慢地你就自然变成了一

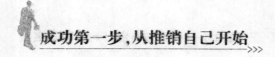
个幽默的人。

笑是两个人之间"最短的距离",不可否认,幽默是友谊的催化剂,灿烂的笑容代表了一种友善和接纳。真诚的交往,再添一点睿智的幽默,无疑能使你和朋友间的感情更加醇厚。无论身处何地,在商场上、餐宴中、谈判时,凡是有幽默的地方,就会出现情趣盎然、气氛和谐、妙趣横生的景象。渴望成功的人们,不妨也让自己幽默一下吧,它会给你带来意想不到的效果。

制造声势,吸引人们的关注

我们常常会遇到一些造势的场面,比如某新片的发布会或者某酒楼的开业庆典,都是那么声势浩大,引人驻足。同样,在社会交往中,我们要学会造势,为自己争取机会,这是自我推销的关键步骤。"为自己造势"可以理解为"通过塑造环境对自己的积极的认知与评价,营造出有利于自己发展的空间"。挑战面前,人人平等。

从本质上说,"势"不一定有形,不一定都是外向、发散的。它如环境、如气场,无一定之形,却无所不在,并无时无刻地影响着每一个人。

造势的最高境界是令一切尽在自然中，恰如其分，却了无造势的痕迹。就仿佛妆化到出神入化的境界，全然令人忘记美的是妆，只知道赞美的是人。要想成功地造势，不光有传播发散的能力，更重要的是要修炼内心、态度、修养和观念。

回顾历史，驻足今日，只要我们用心观察就会发现，许多白手起家的传奇人物，都是造势的高手。

清末走通官商两道的红顶商人胡雪岩，是靠钱庄生意起家的。阜康钱庄开张时，门面装修得很像样。按照胡雪岩的想法，钱庄的店面一定要讲究。所谓天大的面子、地大的本钱，门面不壮不华，怎能吸引储户？即使银库里剩银无几，店面也要显出内有雄兵百万的样子！

阜康钱庄开张了。门面装修得很像样，柜台里四个伙计，一律簇新的洋蓝布长衫，笑脸迎人。刘庆生是穿绸长衫纱马褂，红光满面，精神抖擞地在亲自招呼顾客。来道贺的同行和官商两界的客人，由胡雪岩亲自接待。信和的张胖子和大源的孙德庆都到了，大家都晓得胡雪岩在抚台那里也能说得上话，难免有什么事要托他，加上他的人缘极好，所以同行十分捧场，"堆花"的存款好几万，刚出炉耀眼生光的"马蹄银"、"圆丝"随意堆放在柜台里面，把过路的人看得眼睛发直。

中午摆酒款客，吃到下午三点多钟，方始散席。胡雪岩一个人静下来盘算，头一天的情形不错，不过总得扎住几个大户头，生意才会有开展。第一步先要做名气，名气一响，生意才会热闹。

胡雪岩受藩台贵福老爷家中姨太太争存私房钱的事件启发，有了一个绝妙主意："你们把抚台、藩台、道台、总兵、参将……凡是浙省官员，他们的太太、姨太太都调查清楚，开列一个名单。你给这些太太、姨太太每人发一本存折，给她们每人先存上20两银子，就算我们钱庄白送。"掌柜刘庆生有点傻眼："什么？我们钱庄尚未开张，一个存户没有，钱也分文未进，你却要先白白送出去几百两银子？"胡雪岩正色道："省里这些大官，倘若能为我所用，壮大钱庄势力，谁还认为我阜康钱庄本小利薄，不能做大生意呢？而钱庄先有了这批达官贵人做存户，面子足、台子大，一传、两传，传了开来，谁还怀疑我们阜康钱庄的信誉呢？"刘庆生毕竟是个灵变之人："那我马上去写存折。"刘庆生没想到，钱庄开张不过一旬，官家女眷来存私房钱的人有这么多、数目这么大！少则几百两，多则成千上万两，都存到了阜康。而且一传十、十传百，那些没拿到存折的官太太，也来新开户头，并且各显神通，互相攀比，比谁富、看谁阔！

江东本富庶之地，殷实人家多，商户遍地。官眷这种暗地里的显富比阔，又敷演到商眷圈子里，纷纷把体己钱、私房钱、箱底钱，也存到了阜康钱庄。有道是"男人买箱子，女人管钥匙"，女眷中多的是当家理财的行家里手，在她们那里，钱庄经营的天地大着哩！

这个故事中，胡雪岩的阜康在官面上根基牢固。胡雪岩利用造势的方法，吸引了"重量级"的储户，为自己赢得了信誉，奠定了他事业成功的根基。

初出茅庐的新人们，"造势"的重点可以是埋头苦干，虚心学习，潜心钻研。如果你在行动、谈吐、处理日常的点滴琐事中，能够显示自己的敬业与能力，让领导及其他业界中人觉得你是"可造之才"，那么你的"自我推销"就基本成功了。因此，处在这个阶段的你基本不需要刻意用语言表达，否则会适得其反。除了工作中必要的沟通，通常也没有人会给这个阶段的你发表演讲的机会。如果有机会跟着领导或比自己级别高的同事出外谈事，也宜谨言慎行，多学，多听，从容应答，不必太过主动表达。

经过了几年的锻炼，这时你或者已经成功地从助理转型，这时期，你有心升职，但你的工作重心仍是做事，还不是带人的时候。

此时你的"造势"重心则是对内，使你的能力得到领导的认可。同时，还要以实际行动证明，你不仅技艺超群、业绩出色，还是一个具有很好的团队精神的潜在领导者，也就是说具备往上走、带团队的潜能。你不能放松对外推销自己，要适当地参加培训、会议等活动，广交朋友，也将自己的专业能力和行业水准验证一下，向同人学习。

总之，要制造声势，你须有勤奋学习的势头，不要再埋头苦干而是必须要"睁开眼睛看世界"，一是要理清楚自己单位的组织结构，看清自己未来的发展方向和在组织内部有没有空间；二是加强对内、对外的沟通。对内沟通，就是所谓"干得好"和"说得好"，其实两者都重要。但要注意这时期，首先要赢得本部门负责人的认可，切记不要越过顶头上司向高层表功，但并不能放弃通过合适的机会或场合让高层对你加深印象的机会。给自己一个平台，你会有意想不到的收获！

成功悟语

古今一理，殊途同归，无论你是做生意，还是经营人脉，没有

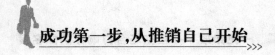
声势撑着,做大做强的可能性就不会很大。要加强对外沟通,就是和业界同人加强联系,把自己融入这个圈子,让他们能在有机会的时候想到你,这就是你的"势"。要把你的"势"扩大,这样你的"势"会交错上升、不断扩大。在一些特定的时刻,你必须学会给自己搭建一个平台,吸引别人的注意力,试着将自己"隆重推出"。

第五章

职场精英
——找自己的"伯乐"

　　职场精英常这样说,"买卖(生意)就是关系"。这句话被许多精英当做座右铭。尽管不是所有的精英都广受欢迎,但是他们大多数都平易近人,表现亲和,善于与他人沟通,对他人的需求有强烈的兴趣,进而建立长期的友谊。但这不代表他们是软弱的,他们更会毫无保留地说出个人的想法和观点,这便是职场中的"推销自我"。然而,有卖还得有买,在你推销的时候别人的反应是怎么样的?你的推销是否有人接受?你能否在职场中找到欣赏、提携你的伯乐? 在职场上是否让自己成为精英不是最重要的,而使自己处于有相对优势的位置或场所,能够最有效率地找到自己的"伯乐",关键时刻能勇敢地"展示自我",才是驰骋职场之道。

有分寸地狂妄

我们要想做人做事都能游刃有余，怡然自得，就必须要让自己处处恰如其分。尽管你很有能力，但要讲究分寸之术，分寸欠一分则火候不够，难以成功，过一点则画蛇添足，事倍功半。身在职场，你若想成功，就不必给自己树立那么多的绊脚石，尤其是在上司面前，你不能表现得比上司还聪明，否则你的"推销"就是真的过头了。

这个世界很玄妙，做人做事，我们都要检点自己要讲"分寸"二字。拿捏好"分寸"会事半功倍，无视"分寸"则事倍功半，甚至前功尽弃。"分寸"是自我推销必不可少的一门秘籍。古往今来，凡成大事之人，都是运用"分寸"的高手。

生活中，恐怕没有人愿意接受自己不比别人聪明的现实。要不然三国的周瑜也就不会被气死了。作为一个渴望成功但实力尚浅的人，对待上司一定要留一个心眼，尽管你能力很强，又聪明机智，但也千万不要表现得比上司还要高明。否则你的成功计划将会由于你自己的幼稚而搁浅。

照常理来说，一个精明的领导都会喜欢那些稍带几分愚笨的下属，不希望自己的部署会超越甚至取代自己。

因此在职场中，我们要"有分寸"地推销自己，不要太张狂。

一定要学会想方设法掩饰自己的实力，以假装的愚笨来反衬领导的高明，力图以此获得上司的青睐和认同。当领导阐述某种观点后，你可以装出一副恍然大悟的样子，并且带头叫好；当你对某项工作有了好的可行办法后，千万不要直接发表意见，而是应该在私下里或是用暗示的方式及时告知自己的上司。久而久之，你一会定受到领导的青睐和关照。

看看我们所处的世界，因为有一个完美的尺度，所以才端庄和谐。看看我们周围的人们，失败的懊恼多因分寸的失调，成功的欢欣多因分寸的得当。把握好人生的分寸，就等于掌握了自己的命运。

如果你想向某人提出忠告，你应该显得你只是在提醒他某种他本来就知道不过偶然忘掉的东西，而不是某种要靠你指点迷津才能明白的东西，正如星星都有光明却不敢比太阳更亮的道理一样，你要知晓孰重孰轻。

三国时期，曹操的谋士杨修是个聪明绝顶的人。有一年，工匠们为曹操建造相府的大门，当门框做好，正准备做门顶的椽子时，恰好曹操走出来观看。曹操看完后在门框上写了一个"活"字，便扬长而去。杨修见状，立即叫工匠们拆掉重做，并说："丞相在门框上写个活字，意思是'门'中有'活'即'阔'字，就是说门做得太窄小了，要'阔'。"杨修的确够聪明，竟然能够从一个字揣摩出曹操的心里所想，但他的聪明，也招致了曹操的嫉恨。

建安二十四年，曹操与刘备争夺汉中，屡遭失败。曹军不知道是进还是退，曹操便以"鸡肋"二字为夜间口令，将士们都不解其意，只有杨修明白："鸡肋就是吃起来没什么味道，丢掉又觉得可惜，丞相的意思是要撤兵啊！"他便私下告诉大家收拾行装，随时准备撤兵。没多久，曹操果然下令撤军了。当曹操知道杨修事先把机密告诉大家时，终于找到借口，以"泄露机密，私通诸侯"的罪名，将杨修杀掉。

追求成功的人，面对上司的时候除了尊敬也要学会适当地掩盖自己的睿智。在恰当的时候保存自己的实力，是一种明智的行为，因为我们都不希望第一场就被淘汰出局。

许多时候，那些表现并不是怎么出众但对上司忠诚可靠的人往往更容易得到提拔，这是因为上司有时候正需要这些人来成就他的事业。试想，上司如果使用了不忠心的下属，这位下属可能成为自己的对立面，或者工作不专心，"身在曹营心在汉"，在这样的情境之下，这位下属的能力发挥得越充分，就越能损害上司的利益，同样，这位下属的边缘化地位也就越明显。

能成功处世的人，常常故意在明显的地方留一点儿瑕疵，让人一眼就看见他"连这么简单的都搞错了"。这样一来，尽管你出人头地，木秀于林，别人也不会对你敬而远之，他一旦发现"原来你也有错"的时候，反而会缩短与你之间的距离。

狂妄不等于胜利，因为我们还没有成功。其实，适当地把自己放置得低一点儿，就等于把别人抬高了许多。当被人抬举的时候，谁还有放置不下的敌意呢？要知道，只有当他对别人谆谆以教的时候，他的自尊与威信才能很恰当地表现出来，这个时候，他的虚荣心才能得到满足。

在上司面前，不讲一些计策是不行的，推销自己不能太过，最成熟的做法就是该表现的时候表现，不该表现的时候适当地愚笨一些。总而言之，让上司感觉到自己的权威和高明。毕竟这个人很有可能决定着你未来的发展，他的每一句话都与你的命运有着紧密的联系。人们常说："做人还是要现实一些。"有些时候在人前过分地精明只能代表着你是一个彻彻底底的傻瓜。

成功悟语

在领导面前要讲"分寸"，领导就是领导，如果身边的下属都比自己高明，那他还能领导谁呢？学会为自己保存实力。有事儿没事儿的时候留点小错误给他挑，尽管时不时地受些小批评，但你绝对不会有被替换和边缘化的危险。

巧妙"谏言"让领导接受你

人常说"不在其位不谋其政"，就是说，不在领导者的位子上就不必"谋其政"了。领导者既然不是你，你就应该尊重别人的决策。推销自己总有个过程，别人先是从认可你这个人，或者认可你表述的方法和内容，再到认可你的观点。为什么领导没能接受我们的意见？为什么自己的赤诚忠心没能得到理解？所以说谏言也要讲究方法。

身在职场，我们或许会有这样的体会：在某个问题上，自己的意见与领导的意图相左，但经过慎重和谨慎的分析，领导的决策很可能会给公司造成损失。此时，你无论向领导提不提谏言，对你的职业发展都是把双刃剑。所以说，正确的谏言，不至于让你陷入这种两难境地。

从实际情况来说，我们的饭碗都在老板及上司的手里。成败胜负，领导者自有担当，谏言过后，如果上司听不进去，你大可以进退两便，而不必杞人忧天。一个企业有可能走向成功，也有可能走向失败，最糟糕的也就是"无力回天"。上司及老板的人格决定了企业发展的大小和极限，除非你能推销自己让他信任你、接纳你。

那么，作为部下的我们，如何向领导提建议呢？先让我们看看大谏官魏征的故事吧。

魏征是唐朝有名的谏官，17年兢兢业业地辅佐唐太宗，其间进谏数百次，且多数被太宗采纳。一方面唐太宗是位开明的皇帝，二则在于他的说谏技巧，自有不可忽视的能耐。他的谏言充满逻辑力量，令人折服。比如在贞观六年，战争后的唐朝国泰民安，群臣奏请太宗前往泰山举行封禅大典，以显文治武功。魏征挺身而出孑然一人反对此事，认为此时封禅不妥。

他是这么说的："陛下建功伟业，但恩泽尚未遍及全国；国家虽已太平，但物资还不丰富；外邦虽已臣服，但还不能满足他们的要求；祥瑞虽多次出现，但法网还嫌繁密；收成虽说不错，但仓库还很空虚。所以，我认为此时举行封禅不合时宜。"

这五个特殊事实被魏征一口气举出，正是采用了归纳推理的方法，得出"封禅不宜"这一结论，说服力很强，使得本来打算接受群臣奏请前往泰山封禅的太宗沉默不语。魏征见谏言已经奏效，接着说：

"一个大病初愈的人，命他扛一石米一天走上百里，这样做肯定让他旧病复发。那么，我们国家就像刚医治好战乱创伤，还没有恢复元气，就急于向上天报告功劳，当然不合时宜。"

因采用类比推理，太宗让魏征说动了心。于是，魏征又进一步说："再者，东封泰山，万乘千骑，要耗费大量资财，若再遇上灾荒、风雨骤变、不明事理的人横生是非，遇到那种后果后悔就来不及了！"

这三段谏词，魏征步步紧逼，最后得出不容置疑的结论。唐太宗权衡再三，欣然接受了他的谏言，将封禅一事给废弃了。

这个故事说明了谏言的技巧对所达成的效果的影响作用，魏征的谏言，一般都是准备充足、事先布局才开始讲的。只有事先做好准备，在发言时才能晓之以理，振振有词。

回到现实中的职场，如果说你的领导某项决策是错误的，忠心耿耿的你该如何向领导提建议呢？如果领导一向是独断专行，漠视员工的发言，你又该如何跟他提建议呢？提意见是沟通学里一项重要的课程，如何向领导谏言也是一门学问。

我们不能简单地感到"怀才不遇"。你能否让人接受你，这种推销能力至关重要。

以下介绍一些向领导提建议的方法，希望能对你有所启示和帮助。

1. 承认领导者的智慧。承认上司自有担当，尊重他的想法；审视自己的思路，完善自己的想法。

2. 注意谏言时的态度，特别注意要顾全领导的面子，实则也是一种尊重。

3. 谏言要内容丰富、言之有物。万一有独排众议的建言，尤须有强而有力、不容忽视的说服理由。

4. 深入实际、调查研究。让你每次的建议都是三思而后行的结果，并在平时就保证你的建议有较高的"成功率"。

5. 尽可能用书面形式。既要充分表达自己的思想，又要简明扼要，不做花样文章，观点要能经得起推敲。

6. 少用口头谏言。口头表达不一定充分，而且不能保证对方耐心地听下去。

7. 当面汇报要选好恰当的时机。比如用幻灯片的形式。

向领导提建议是个技术活，为了不至于"翻船"，下述建议你也可以尝试。

1. 把你的谏言说成是上司英明的创举。

2. 把你的谏言努力设法从他嘴里说出来。

3. 先给领导捧捧场，进入状态后再向他建议。

4. 你不要"功高盖主"，让人感觉你比他强，否则什么好的建议他都不会接受，因为你的功劳会使他变得更难堪。

5. 不要说某做法是他的同行或同级别使用的，否则他会找出各种理由拒绝的。

6. 可把你的谏言说成是领会领导思想的小小看法。

7. 找准定位，以弱者姿态以向领导讨教指导的方式提出建议。

8. 将谏言说成他竞争对手的相反做法。

9. 以受他尊敬的更大领导为令牌，提出你的想法。

谏言是自我推销的重要方式，也是很有效的方式之一。不仅彰显你对集体的关心，也显示你剖析和解决问题的能力，让老板和同事对你刮目相看。但事物总是有正反面的，一旦掌控不好，谏言的负面效果也是很严重的，所以我们要提前参透好我们的谏言对象，然后牢牢地掌控好自己所想达到的效果，有的放矢地去行动，才能在最终赢得属于自己的成功。

成功惕语

立身职场，竞争激烈，能人辈出，使得职场人在职场中生存本就不易。遇到向领导提建议这种容易让职场人陷入两难境地的情况，如何处理更非易事。但推销自己有个过程。要问自己，你把自己对市场的看法讲清楚了吗？你有进行过系统分析吗？你是否用书面形式去报告了？你有调查数据做支持吗？你的表达足够清楚明白吗？给领导"谏言"作为推销自己的一部分，值得你去大胆尝试。

把握好与领导交流的每一个瞬间

职场中，领导是你不得不面对的人物。领导是一个单位的首脑，单位工作的好坏直接关系到领导的政绩。上级一般都很赏识有头脑、有创造力的下属，这样的人往往能出色地完成任务。但完成工作之后，还要学会把功劳让给领导才行。做工作光卖力气不行，还要把握好与领导的每一个瞬间，让领导感知你、信任你，你才有

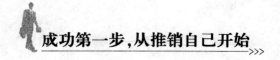
出头之日。

人们在讲到自己的成绩时，总是会说一段极其相似的话语：成绩的取得，是上级领导和同事们帮助的结果。乏味的套话虽令人不耐烦，却有很大的妙用：从中显出你是个谦虚谨慎的人。上司愿意选择你为他的下属，他对你的印象自然好。但多数情况下，员工与上司是无法自由选择的，这种情况下你必须丢开对上司的偏见，事事替他着想，把握好与领导交流的每一个瞬间。

某跨国公司全球副总裁兼大中华区总裁高先生接任总裁职务不久，就开始对所有的代理商进行拜访。当时，公司的一个前沿管理经理（在平常情况下根本没有机会接触到公司高层）负责陪同高先生拜访她所负责的这个代理商。在从北京到广州的飞机上，她花了一个多小时充分地"推销自己"，让高先生了解了她，知道了她在IBM、HP的工作经历，也发现了她的工作能力。后来，随着华南区总经理的离任，高先生首先想到了这位女员工。然后她开始步步上升，连续三次获得破格提拔，还荣获了比尔·盖茨奖，荣幸地和比尔·盖茨共进午餐。现在，这位女经理已经是另一家著名外企中国区总裁了。

这个故事里的主人公无疑是聪明的，她走上了成功的捷径，使得她的事业顺风顺水、扶摇直上，因此，与领导在一起，蕴藏着巨大的机遇，具体应该这样做。

1. 表现自己的机会不容错过

疾风知劲草，烈火炼真金。当某项工作陷入困境时，也是你机遇降临的时刻，你若有实力，表现自己的好机会就不容错过。你若能大显身手，定会让领导格外器重你。当领导遇到棘手的问题，你若能挺身而出为其分忧，也会令其格外感激。此时，切忌不闻不问，畏首畏尾，胆怯懦弱。这样，领导对你的印象会大打折扣。

2. 要学会与领导沟通

赞扬和奉承是有区别的，欣赏也不等同于谄媚。只要是领导的长处，而且对大家和集体有功，你就可以真诚地表达出你对领导的赞美之情。领导也需要从这些评价中了解自己在别人心目中的地位。当受到称赞时，他的自尊心会得到满足，并对称赞者产生好感。

与领导谈话时尽量寻找轻松、自然、活泼的话题，可让领导充分地发表意见，你再适当地做些补充，提一些问题。领导便从谈话中感觉身心愉悦，且自然而然地认识了你的能力和价值。

与领导交流话语要一致，不要用领导不懂的专业术语与之交谈。

3. 切勿与领导走得太近

任何领导都有自己的决策思想和目标方向，如果你把一切都知道得一清二楚，而且将领导的意图烂熟于心，这些目标和远景就可能会失败。这就要求你和领导保持一定的距离。

首先，和领导保持工作上的沟通和私人间一定感情上的沟通。窥视领导的个人隐私会让你吃尽苦头的。其次，了解领导的主要主张，不必事无巨细，试图了解他每一个行动步骤的意图，否则，会使他感到什么事都瞒不过你而感到恐慌。再次，说话要注意分寸和场合。有些事情在私下可谈得多些，但在公开场合就应有所避讳。最后一点，接受领导对你所有的批评，可是也应有自己的独立见解；倾听他的所有意见，但不要人云亦云。

4. 在领导面前不要太完美

生活中，我们身边的每个人，都会认为自己在某些方面很优秀，而一个绝对可以赢得对方欢心的方法，就是以不着痕迹的方法让对方明白，自己是个优秀的人才。

在领导的潜意识中，自然认为自己要比下属高明，所以下属某些方面有不足，在领导看来是再正常不过的事了，因此他也十分愿意对下属指点一二，既展示了他的能力，又树立了他的权威。

5. 珍惜上司的信任

争取到上司的信任，不是一朝一夕之功，而上司信任你，绝不会容忍你胡作非为。领导对自己的信任，是基于自己某一方面受赏识而成功的，一旦自己飘飘然，放弃了根基，也就让领导丧失了对你的希望。

而要想使上司对你另眼相看，最实际的方法除对工作尽责外，还要看懂上司的困难。如果你能帮助上司发挥其专业水准，对你必然有好处。例如，上司经常找不到需用的文件，你尽快替他将所有档案有系统地整理好；要是他对某客户处理不当，你可以得体地代他把关系缓和下来；如果他最讨厌做每月一次的市场报告，你不妨代劳。这样，上司自然觉得你是个好帮手。

你若想名利双收，不可只满足于做好自己分内事，还应在其他方面争取经验，提升自己的工作"价值"，即使是困难重重的任务，也要勇于尝试。分析一下哪些问题才应劳烦老板注意，如果真有难题，请先想想有什么建议，而不应投诉无法改变的条例。

耐心寻找上司的工作特点，以他喜欢的方式完成工作，不要逼强，更不要急于表现自己。听到对公司有什么不利谣言或传闻，不妨悄悄转告上司，以提醒他注意。不过你的措辞与表达方式须特别注意，说话简明、直接为最佳方式，以免发生误会。上司向你下达任务后，先了解对方的真意，再衡量做法，以免因误会而种下恶根或招来不必要的麻烦。谁都知道与上司建立良好的工作关系，对自己的工作有百利而无一害。自己做错了事不要找借口和推卸责任。解释并不能改变事实，承担了责任，努力工作以保证不再发生同样的事，才是上策。同时得虚心接受批评。

博得信任，基础是先把工作做好，不出乱子。要使上司信任你就要按时完成工作，做任何事都一定要检查两次，确认没有错漏才交到上司面前。谨记工作时限，若不能准时做好，应预先通知上司，当然最好不必这样做。必须圆满地把工作完成，不要等上司告诉你应该怎样去做。

领导掌握万千资源，在领导面前成功推销自己，无疑极大地增加了你成功的概率。对于上班族来说，能否得到领导的器重是一件十分重要的事情。在一个单位中如果得不到领导的器重，就会平白丧失许多机遇，这是我们每一个人都不愿发生的事情。当然，想得到领导的器重，也不是轻而易举的事情，这需要你平时苦练内功积累经验，机遇来临方可大显身手。

成功俺语

把握好与领导的每一个瞬间，即是自我推销的关键时刻。随时随地，抓紧机会表示对他的忠心耿耿，以你的态度说明一个事实：我是你的好朋友，我会尽己所能为你服务。"言必行，行必果"，说

出的话要算数。不要以为上司很愚笨。如果你真的努力这样做，他会看在眼里，一定会明白你的意思，对你日渐产生好感，对你的成功将大大有益！

让领导注意你的高招

"世上先有伯乐，然后才有千里马，千里马常有而伯乐不常有。"有人说，职场上做好员工难，遇到自己的贵人难上加难。其实，要想在职场中脱颖而出还是有规律可循的，只要你是勤奋有才华的人，抱着积极乐观的态度，不论是直接"推销"，还是"曲线救国"，只要敢于挑战，成功也就离你不远。

在公司里，百态众生，员工总是大多数，再加上"团队合作"的企业文化，即使你是块金子，领导也不一定能看到你闪出的光。以至于那些埋头苦干、吃苦敬业的员工，也会辛酸地发现，明明自己是任劳任怨付出最多的那一个，而在加薪升职的时候，却是最不被优先考虑的那一个。

原因在于，领导没有注意到角落里的你，至于你的成绩，领导也没看到。因此，我们要善于推销自己，采用适当的方法让领导注意到自己。要学会"说"出你的成绩，学会表现自己。表现到位，能锦上添花，表现错了，则会弄巧成拙。

去年的时候，王小姐是未被正式任命的部门负责人，一年到头拼死拼活地干活，部门到年底超额完成销售任务。但她跟老总中间隔着好几层呢，老总看不到她的辛劳，结果到了年终她照样没有转正，拿着"安慰奖"，独自生闷气。

今年，王小姐想出一个办法：曲线自救，抓住机会表现自己。见不到老总没关系，找领导身边的人。她经常向老总秘书、办公室主任"汇报"工作，有时是以让领导了解工作进展的名义，有时故意叹点苦经，末了表个态一定会积极克服困难。在其他部门同事前，经常交流一下近期的工作如何如何，时间一长，好口碑自然就传到老总耳朵里了。

另外，王小姐还抓住跟老总一起出席的场合，特别花心思表现自己。有一次领导接待重要客户，正好她也要出席。王小姐就事先多方打听客户的信息，了解到那位客户有糖尿病，吃饭的时候她就特意为那位客户提供了一些适宜的餐品，就因为这些细节，促成了最后的签约。客户跟老总说，能够这么细致为客户着想的单位，合作一定会很愉快。当然，王小姐得到了老总的重视，在职场上更是平步青云了。

以上故事反映的是升职故事，不难看出，让领导重视自己，需要主动出击，采用一定的技巧方可成功。我们既要保持适当的"分寸"，给足领导面子，又要让领导看到自己的成绩，注意到自己的存在和价值，需注意以下几方面。

1. 到容易出业绩的地方去

业绩荣耀之至，出业绩的人也备受领导青睐。选择一个容易出业绩的部门可让你在很短时间里就成为公司里一颗耀眼的明星。你

可以去那些最能体现你的价值并能为公司创造效益的部门。而销售部门容易出业绩的地方一般是那些尚未开发的新市场，包括公司还没有开发的和不准备开发的市场；或是明显具有发展潜力，已有人开拓但失败了的市场。新市场都有一定的风险，但是风险越大，回报也越大。

2. 让客户为自己做宣传

出色的表现不仅体现在业绩上，而且还体现在对顾客、终端、其他部门甚至竞争对手细致入微的服务和协调过程中。这是一项辛苦的工作，但一旦在朋友中建立了良好的口碑，迟早有一天会传到公司高层的耳朵里。通过客户说出来的话，公司领导一般都是比较重视的。正所谓"桃李不言，下自成蹊"。

3. 精心抓住每一次会议表现的机会

对于普通员工来说，公司的一些重要会议或许是你展现自己的最佳舞台。这些会议包括员工的培训总结会、公司领导的现场办公会、年终的表彰会等。会议上公司高层或专业部门的负责人一般都会在场。一般来说，公司高层更愿意听取来自基层一线的声音，所以我们千万不要放过每一个发言的机会。你在会上的发言实际上反映了你的思维能力、对市场工作的认识程度。如果你能在会上从一线的角度从容不迫侃侃而谈，此时领导一面在听你的汇报，可能一面就在脑海里盘算你下一步的发展空间了！

4. 展现你的才华

一般来说，并不是每个一线员工都有接触高层领导的机会，而寄希望于偶然相遇的想法也无异于"守株待兔"。积极的做法应该是拓宽让高层领导发现自己的渠道。比如在领导关注的媒体上展现你的才华就是一种不错的选择。如果你确实对本职工作有深刻的认识，对公司一线的实际操作有心得，就可以分类投到公司本刊等媒体上，一则锻炼自己的思维能力，二则也可以借助这个平台展示自己的才华。领导阅罢你的文章觉得有感触，自然就会记住你了。

引起领导注意的高招有千万种，但最重要的是你一定要具备名副其实的实力，这个时代，最重要的就是实力，当我们用心地去经营自己的工作，展现自己的才华的时候，一个无须语言的推销广告就会给对方一种眼前一亮的感觉，所以如果你觉得站在你面前的这位领导就是你要寻找的伯乐，那么就以千里马的姿态，勇敢向前冲吧，相信不久的将来，你一定能够赢得对方的青睐，实现自己的职业蓝图。

成功悟语

领导或许能给你提供发展的空间，或者能提供公司的、专业的、行业的、职业的信息等。当然，让领导注意自己要有一定的判断力和敏锐度。对于渴望早日成功的人来说，要想脱颖而出，在自己职位之上的领导这样一些人的帮助是不可或缺的。他们是你工作中的领导，是你事业中的"导师"。

自我推销,让别人更快地重视你

别人从认识你熟悉你直到与你合作需要一个漫长的过程。在激烈竞争的人际关系中,如果不"自我推销",即使肚子里真有货也是枉然。所以说,渴望成功的人们,既要实干,又要学会自我推销。闪光不必经常,却能总有新鲜才华示人;平时要多找机会,不经意地露一手,或敢于说一鸣惊人之语,也会让别人更快地认识你、重视你。

我们在社会上打拼,必然要时常接触到一些陌生的环境、陌生的人物,当有人对你的资格和能力产生怀疑时,自我推销是一种有效的攻防之道。如果说造势是全景的展示,自我推销则是有目的、有针对性的标榜。

自我推销的高明之处,是实则虚之,虚则实之,以一些闪烁的言辞,调动对方的热情。

著名娱乐策划人张先生这样讲述自己到一家大公司拉订单的经过。

客户公司的董事长尽管表面上对我很客气,但是我分明读出了一丝他对我这个乳臭未干的小子能力和水平将信将疑的味道。我明白这样僵持下去,等到接待时间一过,也就意味着这个至少 100 万的业务即将泡汤了。我必须给这位董事长一剂强心针。

我立马让助理打开笔记本电脑，给董事长演示我们公司一些大客户的名单和项目。董事长有点心动了。这时候，我不失时机地从电脑里调出我和世界百位设计大师中的第一位靳隶强先生、中国台湾设计界泰斗林磐耸先生等中国第一流 CI 专家的合影，并对他们做过的一些著名的案例进行了简单的介绍和评价。董事长似乎觉得我年纪轻轻就和这些大师们共同作业打成一片，一定是有些真才实学的。

董事长把接待我的时间从 1 分钟延长到 30 分钟。后来，他在董事会力挺我们公司接手这一项目，后来我们合作非常愉快。

当陌生人对我们的外表有了初步的判断后，我们就应该明确，要让对方感兴趣，那么就要让对方看到你的优点，让别人去欣赏你。自我推销的方式有以下可供参考。

1. 出口不凡，先声夺人

尽可能地多用雅词、专业词汇等。"味甘而补，味苦而清，药辛发散解表，药酸宁神镇静。任何事物都有它不同的特点，也有它不同的作用。"乍听这样的话语，我们可能会想，此人不是医生，还懂医药知识，真不简单。可以说，在谈话中，适度、自然地引用一些具有文化色彩的词汇，可改善自己的形象。

重视细节，展露你的学识。生活中常有一些不起眼的小事、袖珍的历史趣闻、某作品的小人物等，被大多数的人们忽略和忘记了。如果你能在交际中与别人清楚地谈起，别人就会以为你学识丰富。

比如你说"我市有 200 多万人口"，别人并不怎么留下深刻印象。假若你知道人口数是 201.2 万，甚至将带尾数的数据轻松说出

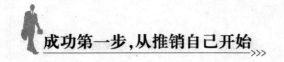

来。这样，你的聪慧严谨的形象会折服很多人。

2. 关键时刻大显身手

参加会议旁听，铁腕领导者独断专行，按自己的思路制定了一项决策，大家因敬畏而磨灭了自己的思维，会议顺利进行。"智者千虑，必有一失，愚者千虑，必有一得。"当你偶然发现决策有漏洞，而且会带来大的损失，你就应该鼓足勇气提出来。抓住这一机会，就可能把你的能力和价值展现给同事和领导，特别是意见虽未被采纳，人们更会在后来的失败中忆起你的表现，赞叹你的英明。

展现自我，看准了就做，不必瞻前顾后，否则你的推销自我的计划也会被搁浅。

3. 适当地在人前表现

既要实干，也要适当地在人前表现。所谓适时，是要找到恰当的事情动脑筋，在显山露水时，不要过于扎眼，遭受众人谴责而树立敌手。

推销自己，少不了加入活生生的"典型事例"，除了自身事实外，借助外力必不可少。人们都喜欢新奇，崇尚更高级的事物，你若能抓住这一心理，对自己进行"镀金"包装，人们就会对你刮目相看，你在别人的心目中也会提升多个档次，自我推销的成功，也能直接铺就你事业的成功。

成功悟语

生活中一味地低调只能是埋没自己，与众多的成功机遇擦肩而过，为了创造和抓住那一根成功的稻草，我们就得适时地表现自我，利用自己的优势不吹不擂地为自己加分。但要保持一定的度，言过其实不可大用，否则会弄巧成拙。当然，推销的关键还在于你苦练好内功，当真正表现的时候，会很容易被慧眼识中！

为领导分忧

员工完成了老板布置的工作，但并未完全达到老板的终极目标。如果你能挺身而出替老板出谋划策，不论成功与否，老板也会为你的"忠心"打动，从而把你列入潜在发展对象的位置。同样，你为同事分忧，你的事业路上不就多了位帮手嘛！

两个人同样在一些大公司或金融机构中，两个一样勤奋且同样富有天分的人，在职业发展上却截然不同。

有位成功的企业家这样说："不要只做我告诉你的事，请做需要做的事"，明白了这个道理，你就不会为上述问题感到困惑了。它揭示了这样的道理：能满足老板终极期望的人，常常会有更好的职业发展前景。其中一人比较内向，工作中只是尽善尽美地完成了老板交给他做的事情；而另一个人除了做好自己被动接受和完成的"任务"之外，还积极为老板分忧，不仅解决了老板想到的问题，而且还主动帮老板想那些老板应该想却没想到的问题，并主动地帮老板想出了对策。

如果你是那两个人的老板，你会优先提拔谁或给谁更多的奖金或工资？答案不言自明。

1956 年，福特汽车公司推出了一款新车。尽管这款汽车式样、功能都很好，价格也不高，但奇怪的是，竟然销路平平，和公司预期的情况完全相反。

公司高层急得像热锅上的蚂蚁，但绞尽脑汁也找不到让产品畅销的方法。这时，在福特公司里，有一位刚刚毕业的大学生对这个问题产生了浓厚的兴趣，他的名字叫艾柯卡。

艾柯卡是福特汽车公司的一位见习工程师，本来与汽车的销售工作并没有直接关系。但是，老板因为这款汽车滞销而着急的神情，却深深地印在他的脑海里。他开始不停地琢磨：我能不能想办法让这款汽车畅销起来呢？终于有一天，他灵光一闪，于是径直来到总经理办公室，向总经理提出了一个方案："我们应该在报纸上登广告，内容为花 56 美元买一辆 56 型福特。"这个创意的具体做法是：谁想买一辆 1956 年生产的福特汽车，只需先付 20% 的货款，余下部分可按每月付 56 美元的办法支付，直到全部付清。他的建议最终被采纳，"花 56 美元买一辆 56 型福特"的广告引起了人们极大的兴趣。"花 56 美元买一辆 56 型福特"，不但打消了很多人对车价的顾虑，还给人留下了"每个月才花 56 美元就可以买辆车，实在是太划算了"的印象。奇迹就因为这样一句简单的广告语而产生了，短短的 3 个月，该款汽车在费城地区的销售量从原来的末位一跃成为冠军。而这位年轻的工程师也很快受到了公司的赏识，总部将他调到华盛顿，并委任他为地区经理。

后来，艾柯卡不断地根据公司的发展趋势，推出了一系列富有创意的方法，最终脱颖而出，坐上了福特总裁的宝座。

从艾柯卡的故事中我们能够看出：在工作中主动想办法为老板

分忧解难的人最容易脱颖而出，也最容易得到老板的认可！

无论你在哪里工作，无论你的老板是谁，管理层都期望你不要坐等指令，而希望你积极主动，设身处地为老板着想，站在公司的角度考虑问题。

要想获得领导的认可，成为他们的"心腹"，替领导分忧是解决此问题的关键。很多员工富有雄心壮志、期望在职业上有所成就，那么，掌握好这种充满主动性和进取心的工作规律就至关重要。现代人才竞争日益激烈，仅仅具有良好的教育背景或者过硬的专业技能是远远不够的。为领导分忧，你才会得到赏识。得到领导的提拔，你的成功之路会更加顺利，具体做法如下。

1. 以自己的表现弥补领导的不足

事情总有正反两方面，骄傲自大就是一例。骄傲自大的人，一方面因为有"只要有我在"的气概去面对困难的局面，使人觉得很有雄心，但从另一方面看，如果太过自负而独断专行，则容易被人敬而远之。

作为上司和下属要有的心理准备是，干工作不仅要依赖自己的能力，同时也要知道个人的能力总是有限的，因此上司和下属应该学会相互依靠。

2. 充满工作激情

当领导忧烦的时候，看到你对待工作激情四射，哪能不受感染和鼓动。但在这里，我们有必要区分"工作激情"和"敬业精神"这两个不同的概念。前者是指员工发自内心地对工作的全身心投入，并且员工以此为乐；而后者则仅仅指员工以其专业技能勤勉地完成自己的"任务"。我们不难看出两者间的区别：前者是主动的和富有乐趣的；而后者更像是一种义务，并不能给生活本身带来乐趣。

我们可以这样认为,工作激情是满足老板终极期望的前提。因为只有你满怀激情地将老板吩咐或交代给你的工作当做自己"心爱"的事业,当做你实现自己理想和价值的机会,你才会设身处地替老板分忧解难,并最终做出超过老板预期的成绩。如果这样,那你还需要为你的职业前景发愁吗?

3. 主动找方法,让自己脱颖而出

日常工作中,常常有这样两种人:一种是碰见困难避而远之的人;另一种则是迎难而上的人,他们主动寻求解决方法,为老板分忧。可以说,主动寻找方法解决问题的人,是职场中的稀有资源,更是经济社会的珍宝。

4. 把领导不愿承担的事接过来

领导负责范围内的事情很多,但并不是每一件事情他都愿意干、愿意出面、愿意插手,这就需要有一些下属去干,去代老板摆平,甚至要出面护驾,替领导分忧解难,赢得领导的信任。有些人很不注意领导愿意干什么工作、回避什么事情,往往容易得罪领导,惹出麻烦。

多为对方着想,其实就是替你自己着想。你为领导分忧,就会形成良性的循环,领导因为你推销了自己的"浅见"而倍加欣赏你,有什么重要的机会,也会让像你这样心怀全局、遇事有解决能力的优秀员工去实践,有什么空缺岗位还会优先考虑你。推销自己,为领导分忧是很有智慧的一课。

成功悟语

因为你替领导分忧解难,赢得了他的信任和感激,以后领导肯

定会报答你，给你"吃吃小灶"。关心也会折射，你关心领导，为其排忧解难，反过来，他也会记得提携你一程。如果只是忙忙碌碌，做好本分的事情，那么离成功会渐行渐远，这是多么可怕的一件事！

多做捧场的事情

人际交往中的真诚不等于双方直接简单、毫无保留地交谈，它要求我们本着善意和理性，把那些真正有益于对方的东西系上美丽的红丝带送给对方。多做捧场的事情，给人以尊敬和帮助。在融洽和谐的氛围之中，你更容易被人接纳。捧场，不等于谄媚，它是一种自我推销的重要方式，也是积极交际的一种智慧。有时候捧场也是有效推销自己的一种手段，当你为对方创造了更加和谐的气氛，对方一定会对你心存感激，只要有了相互帮衬的地方，还会担心他不会对你伸出援助之手吗？

适时捧场会让我们取得美好形象、获得好人缘，这是一种"迂回式"的自我推销方式。捧场是为了使我们的环境更和谐，关系更融洽，它是一件一本万利的买卖。捧场应用得当，你将会得到一批为你两肋插刀的挚友，也会得到众多成就你梦想的机遇。

在我们的生活中，有的人快人快语，百无禁忌，口无遮拦，假如置身于一个熟悉的环境里，大家彼此了解，知晓你的个性，可能这还算你的可爱之处；假如在陌生之地，不熟悉你的人中，不分场合地点，不分谈话对象，一律口对着心，心里想什么就说什么，这是万万不可的。由于多方面原因所限，你不能保证自己想得都对、说得都对，而且听话人的接受能力各有不同。不分青红皂白、不讲究方式方法的直言快语，往往带来不良后果。轻则使人下不来台，重则造成隔阂，遭人怨恨。

让我们看看下面一则会捧场的故事吧！

贾某擅奉承，一天，他请了当地几位有名的人到家里来吃饭。当客人接踵而至时，他笑容可掬，临门恭候，用同一句话挨个问道："您是怎么来的呀？"第一位客人说："我坐小汽车来的。"贾某立即用感叹加赞美的语调说："啊，华贵之至！"第二位客人听了，一皱眉头打趣道："我是坐飞机来的！"贾某赞曰："高超之至！"第三位客人眼珠一转："我是坐火箭来的！"贾某大喜："勇敢之至！"第四位客人坦白地说："我是骑自行车来的。"贾某脱口而出："朴素之至！"第五位客人羞怯地说："我是徒步走来的。"贾某合掌打揖："太好了，走路可以锻炼身体，健康之至呀！"第六位客人成心出难题了："我是爬着来的。"贾某谄媚地一笑："稳当之至！"第七位客人讥讽地说："我是滚着来的！"贾某毫不脸红，恭维道："真是周到之至呀！"

上文中的贾某人可谓是八面玲珑，哄得客人高高兴兴。因此，即使在一些生活小事中，也要学会维护好良好的氛围。

在生活中，人与人之间交流是避免不了的，同时说话的双方彼此都希望对方能对自己实话实说。但在某些特定的场合和情况下，如顾及面子、自尊，以及出于保密等，这种实话往往会令人尴尬，或伤人自尊，或引发不必要的矛盾。因此，实话是应该说的，但更应该委婉地说，具体的方法如下。

1. 转移话题，制造轻松气氛

我们常会遇到这样一些情况，交际中某些较为严肃、敏感的问题闹得交谈双方很对立、很僵硬，已经阻碍到交谈正常顺利进行，这个时候，我们可以暂时回避一下这个话题，改用一些轻松、愉悦的话题来活跃氛围，转移双方的注意力，或者通过幽默、自嘲的话语淡化严肃的话题，重新活跃原本僵持的场面，从而缓和尴尬的局面。这样的捧场会让人感觉你全局观念强，是个做大事的人。僵持的局面一定要掌握好说话术，如朋友之间为了某个问题争得面红耳赤僵持不下时，可以说"要想把这问题争论清楚，比中国足球队赢球还难"；或者讲个笑话，让双方的情绪平缓下来，在轻松的气氛中让尴尬消逝，使谈话活动顺利进行。

有时候当我们因固执己见而争执不休时，僵局难以缓和的原因往往不在于双方的看法本身，而在于彼此的争胜情绪和较劲心理从中作梗。事实上，对某一问题的看法本身并不是一个固定不变的常数，随着环境的变化和角度的不断变化，不同乃至对立的看法可能都是合理和正确的，因此，我们在打圆场时要紧紧抓住这个关键点，帮助争论双方换一个角度来看待争执点，灵活地分析问题，使他们认识到彼此看法的相对性和包容性，从而让双方停止无谓的争论。

2. 善意曲解，化干戈为玉帛

尴尬和难堪场面的出现，可能是因为交际双方或第三者由于言语之间造成误会,不经意间说出一些让人感到惊讶的话语,甚至做出一些怪异的行为举止。为了缓解这种难堪局面,也为了捧场,我们可以用故意"误会"的办法,装作不明白或故意不理睬他们言语行为的真实含义,而从善意的角度来做出有利于化解尴尬局面的解释,即对该事件加以善意的曲解,将局面朝有利缓解的方向引导转化。在和谐的气氛中,大家会很快忘记尴尬和不快,本来要形成的尴尬场面也随之烟消云散。善意的曲解并不是单纯地和稀泥、涂糨糊,而是弥补他人一时的疏忽,消解别人心中的误解和不快,保证人际交往的正常进行,因而是一种很有效也很有必要的交际手段,是捧场的重要手段。

3. 善用假设,巧避锋芒

当我们在交流过程中,有一些碍于面子、把握不准的境况,这时可以用假设句去表达,这样可以巧避锋芒,不伤对方感情还能有效解决问题。比如甲有两个朋友分别是乙和丙,不料这二人反目成仇,一天乙对甲说,丙在他人面前说甲的坏话并揭其隐私。甲听后半信半疑又进退两难,骂丙吧,怕冤枉好人;不骂吧,又怒气难消,还怕乙尴尬,他琢磨了一会儿,说了一句两全其美的话:"如果那样,丙这人可不行!"

在与上司辩论的时候,假如你认定自己的观点完全正确,不能让步,可是出于礼貌又不能一直坚持观点,在这两难境地中,假设句可以说是最好的捧场方式。如班主任和一学生争论男生能不能到女生宿舍串门的话题,老师一口咬定绝对不能,学生见不能说服似有怒意的老师,为了结束争论并给老师一个台阶下,他机警地说:"如果老师说得对,那我肯定是错的。"这本是一句废话,它并没有肯定老师的观点，然而这位老师听了却不再争执。正是附加了假设条件，让表达变得委婉，所以问话人、说话者和设计对象都能接受，巧妙假设让捧场效果更佳。

人不能处处占先机，也不能处处获利占便宜，为解决和避免争端，对于捧场的事情我们不可不做，也最适宜做，只要做了就会让你人气飙升，做了好人又赚了人气，何乐而不为呢！

成功悟语

无论在生活或是工作中，那种不顾别人感受，处处与人对着干的做法无疑是不受欢迎的，这时你不妨换一种委婉的表达方式。捧场是对别人的支持，懂得为别人"捧场"的人多数是有智慧、有"心机"的人。给别人"捧场"，实际上是对别人的成功及其艰辛的过程予以肯定和鼓励，同时也是自己与人为善的推销展示，能为自己赢得更多的人缘。

获取高薪，重在推销

加薪靠争取，更靠推销。一项调查显示，超过半数的企业已经把年度例行调薪作为一种制度或者"潜规则"，调薪的参考依据主要是企业效益、员工业绩、职位等级、CPI 等因素，是一个综合考虑的结果，而不是单纯看 CPI 或依个人申请而为。这也意味着，个人想与老板谈加薪

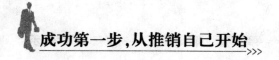

的话,除非你的工作让老板感觉是别人不可替代的,否则成功的概率不大。

自己的能力和贡献已经远远超越了原有水平,而薪资还是原封不动。不甘于现状的你要想获得加薪,就要主动出击,通过推销自我的观点,达到加薪目的。生活中,对于绝大多数靠工资生活的职场中人来说,无疑带给他们无尽的遐想与期盼,特别是在当今消费欲望强烈的社会大环境下。加薪,其实也是一场企业与个人的博弈,在这场博弈中,企业和个人都想以最少的成本获取最大的收益。企业会通过考虑各种因素来确定加薪比例,达到吸引、留住员工,降低人才流失带来的成本,以及提升工作满意度的目的;而个人会通过要求加薪、晋升等追求个人职业价值最大化,获得个人人生的成功。

崔岳的职业生涯道路很简单,硕士毕业后就一直在现在的 IT 公司工作,而 IT 业的薪酬一直居于各个行业薪酬榜的前列。从业三年,崔岳开玩笑地说:"薪酬伴随行业竞争的加剧和经济环境的不景气,没有升过。"但是崔岳早就跨入了 30 岁前年薪 10 万元的队伍。

崔岳是如何获得这一职位的,如何在 30 岁前实现年薪 10 万元的呢?这离不开他充分的知识积累和良好的职业规划。要知道 IT 业的收入高,对从业人员的要求同样很高,跨进这个高薪行业也有着很高的壁垒。

工科出身的崔岳,大学里学的专业是材料加工与自动化,但是专业之外,他不仅涉猎了自动化、计算机的知识,还对营销学产生了浓厚的兴趣。勤奋的崔岳还花了很多时间在英语学习上，他的TOEFL 和 GRE 分数都高得足以申请美国的名校。崔岳很早就定位于 IT 行业，为此他不仅在专业上丰富自己的理论知识，硬件、程序、自动化等，在和导师一起完成项目的时候，也有意识地接触涉及计算机和自动化的部分，在项目和课题操作上提高了自己的实际动手能力。

更值得一提的是崔岳找工作的历程。找工作的前一年，他的身影就经常出现在各个 IT 公司的招聘会场。毕业时，凭着出色的专业能力和面试技巧，崔岳拿到了三家 IT 公司的上岗通知书。经过深思熟虑，崔岳选择了现在就职的公司，因为他认为现在的公司拥有更大的技术优势和发展潜力。

崔岳在公司从事的是技术翻译工作，尽管在公司的工作并不像他想象的那样富有激情和创造力，甚至可以说接近于枯燥，很多同事在工作不到一年的时候就选择离开了公司，但崔岳却没有放弃，除了努力去适应公司文化，并在工作中调整自己的心态，此外，技术翻译的工作的机会也使他有更多机会接触到最前沿的技术动态，使自身的业务水平和知识能力得到了很大的提高。

结合自己的营销学知识，良好的外语沟通能力和技术积累，崔岳给自己下一步的定位是到公司的海外部从事技术服务工作。崔岳相信自己会在海外部得到更大的发展，他有信心能够获得这样的机会，他的"薪情"届时也会再上一个台阶。

上面的故事里，主人公为了达到"加薪"的愿望，树立长远目标，下定决心苦练内功，分步骤分阶段地实现了自己的计划。事在人为，那么职场人士如何巧妙申请加薪呢？

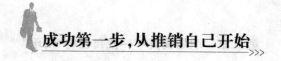

1. 知己：对自身作"望闻问切"的评估

首先要对自己作一番全面正确的评估。比如你在企业的资历怎样，你最近出色地完成了哪些项目，这些项目为企业贡献了多少，你的这些贡献和你现在所获得的报偿是否匹配等。

然后，你是否具有企业稀缺的技能，你的能力是否已到了极限，你未来还能如何帮助企业提升业绩，你的离去是否会给企业带来某种损失等。

再者，要判断自己是否处于企业的关键部门，这一点是很重要的。如果自己的职位是处于企业核心部门或与企业核心项目紧密相连，那么加薪成功的可能性就较大，否则不要贸然触及加薪的敏感话题。

2. 知彼：对企业、行业和社会现状作评判

加薪还必须通盘考虑大环境影响因素。企业效益、行业前景和国家经济发展状况等，都属于必须考虑的范围。

首先，主动提出加薪，成功的概率如何，涨幅多少，除了与个人的特质、业绩表现有关之外，还要受企业因素影响，包括企业所处的发展阶段、经济效益、运营顺畅与否等，其中经济效益、薪酬制度两者最重要。在与企业谈加薪前，需要明白企业薪酬制度有何具体要求，对不同部门、职位有何不同规定等。

在较小规模的民营、私营企业中，薪酬的弹性比较大，加薪机会相对较大，要多争取；在跨国企业、大型企业中，一般有严格的薪资体系、程序，什么岗位有什么薪酬已有一个严格的固定标准，一般可谈的空间较小。

3. 掌握合适的加薪时机

首先，要察言观色选择适宜的时机。在企业某项业务进展不顺、自

己所负责的项目做得不好、老板正为企业的某件大事而烦的时候去谈加薪问题是很忌讳的。切记，在企业业绩下滑、大幅削减员工奖金甚至冻结薪金时，要求老板加薪有如"虎口拔牙"。而在企业近期业绩大有增长，或者自己刚完成的大项目给企业带来不少可观前景，则可提出加薪要求。

其次，要了解企业加薪的规律与制度。一般企业每年 10 月、11 月就开始进行业绩评估、考核，根据考核的结果在年终岁初进行职位、薪酬等各方面的调整。因此，在评估结果出来之后，如果自己的业绩不错，发现有加薪的空间，可以以能力和业绩为资本向老板提出加薪，这样做成功的概率要大得多。

4. 变通：从其他方面获得与加薪等值的回报

增加奖酬的方式是多样的，不一定非要直接增加工资，如果老板不同意直接加薪，不妨考虑一下其他变通方式来为自己争取更多利益，比如交通费、餐贴、休假、灵活的工作时间、培训、分红、股票期权等，或可请求把加薪转化为职业发展机会，转到更适合自己或更重要的岗位，或要求参与较大的项目以全面提高自己能力等。这些虽然比不上加薪直接，但从中也能获得不小的收获，含金量也不小。

5. 克制：保留今后立足发展的余地

凡事都有例外，如果加薪要求被拒，先别垂头丧气、急着调头就走，要礼貌地追问老板自己哪些方面做得还不够，怎样进一步才能达到加薪的要求？让老板在了解自己的同时，对自己产生信任和好感。若老板建设性地列举你有待改进之处，那这些将是你将来的工作目标和发展空间，就得谨记在心，及时改进，以作为下次提薪

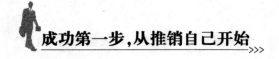
的筹码。

总而言之，高薪是我们每个人都渴望的劳动回报，然而想得到它并不是一件容易的事情，因此我们一定要想方设法地展现自己的优势，力争让上司心甘情愿地为自己加薪，这是一个自我推销的过程，也是一个为自己不断争取的过程，只有将每个步骤想清楚，做明白，才能在最终顺利地得到自己想要的结果和回报。

成功悟语

加薪是我们和单位的一场博弈战，如果你的能力在那儿了，公司离开你将遭受损失，那么你就有了谈判和推销自己的砝码。尽管提出过"加薪"的受访者中，仅有8.5%的职员得到了较好的结果，结果不好的比例为40.2%。个人申请的成功与否，在于个人与组织谈判的砝码够不够大。

定位在成功者的圈子里

我们都想成功，也希望自己成为一个受人尊重的、有一定身份地位的人。推销自己的方法有很多种，在人际交往上来看，第一要点就是将自己定位于成功者的圈子里，多与那些已经在某个领域取得了一定成就的人为伍，近朱者赤近墨者黑，你与成功者为伍，你也就离成功不远了。

成功者以品德高尚为本。会做人，别人喜欢你，愿意和你合作，才容易成事。习惯于真诚地欣赏他人的优点，对人诚实、正直、公正、和善和宽容，对其他人的生活、工作表示深切的关心与兴趣。

一个比较完美的成功者习惯于为他的事业设立目标，并使全体员工为之奋斗、为之奉献。他的价值在于"做正确的事情"，同时帮助各阶层的主管"把事情做正确"。面对不断变化的市场，企业经营方案总是不止一个，决策就是要对各种方案进行分析、比较，然后选择一个最佳方案。

在商业竞争日趋激烈的今天，成功者面临着更新观念、提高技能的挑战，因此需要终身学习。衡量事业成功的尺度是创新能力，而创新来源于不断地学习，不学习不读书就没有新思想，也就不会有新策略和正确的决策。孔子说："朝闻道，夕死可矣。"没有哪一个成功者是不学习的。

2006年8月，李伟创办的思念食品公司在新加坡证券交易所正式挂牌，这是中国速冻食品行业首家在海外上市的企业。

1990年，郑州大学新闻系毕业的李伟踌躇满志地做过公务员、记者，几年之后，辞职下海。先后卖过芝麻糊、开过电子游戏厅、做过苹果牌牛仔裤的代理商，他说："我对经营新项目有着特殊爱好。"

1996年，李伟才真正找到一个发展的契机。当时联合利华生产的和路雪冰激凌开始在北京、上海、广州等大城市畅销，百乐宝、可爱多、梦龙、千层雪等冰激凌一支卖到4元左右，利润空间非常大。"要是能做和路雪的河南总经销就好了。"这就是当时李伟最想

做的事情。没想到，这一简单的想法，给他后来的发展带来了莫大的商机。

由于当时和路雪刚进入中国市场，仅在一线城市销售，像郑州这样的二线城市根本不在联合利华的考虑之列，因此当李伟跑到和路雪设在北京的总部要求做河南总经销时，对方根本不予理睬。

固执的李伟没有气馁，先后到北京跑了不下 10 次，对方被李伟锲而不舍的诚意所感动，和路雪开始对郑州市场进行评估和考察。

在对方到郑州进行最后一次考察时，李伟从朋友那里借了 2000 元钱，在郑州最高档的酒店请对方吃饭，甚至不惜投其所好，和一帮哥们儿在餐桌上绞尽脑汁跟对方大侃足球，结果对方心花怒放，当场决定让李伟"试试"。

这一"试"就一发不可收拾。李伟不仅通过经销和路雪积累了一笔可观的财富，也给他后来进入速冻食品业提供了条件。当时和路雪在河南给李伟配备了 5 辆冷冻车，并建造了上千立方米的冷库。这都是他后来涉足速冻食品行业，创建"思念"品牌的重要基础。

在我们与那些强势的成功者交往中，容易因为金钱、地位等显而易见的差距而自卑，其实每个人都有自己的长处，比如你的专业知识和专业技能，有互补，就能形成持久的互动。眼睛往前看，步子向上迈的人，本身就具备了成功的潜质，能与身边的人携手共进，形成互补，对任何人来说都是一个有价值的朋友。

怎么样才能定位于成功者的圈子里呢？答案就是和成功者交朋友。因为你可以从成功者的言行举止当中，发现他们是如何成功的。最直接的、最有效的方法是有一个模仿的对象，一个学习的榜样。自然而然，你也就身在这个圈子里了。

交友要谨慎，随时随地想着如何结交新的朋友，如何结交比自己更加成功的朋友，如何能够结交一些对自己有帮助的朋友，如何主动地去帮助成功的人，主动地付出，建立人脉。当你这样想的时候，你已经拥有超级成功者的想法，当你可以做这样的事情时，你已经采取了超级成功者所采取的行动。

建立一个成功的人际关系网，下面的几条建议不容忽视。

1. 加入一些社团机构。让人们知道你是谁，你的特长是什么，以及你有什么资源优势。积极主动地参加各种会议，扩大自己的知名度。

2. 出席一些重要的场合。因为重要的场合可能会同时会聚了自己的不少老朋友，利用这个机会你可以进一步加深一些印象，同时可能还会认识不少新朋友。所以要尽量参加对自己来说很重要的活动。

3. 获得领导职务。争取获得某个领导职位，使自己掌握一些新的技巧，不断地保持旺盛的生命力，接触一些颇有影响的人物，显示出职业化的一面。

4. 富有建设性地利用自己的商务旅行。如果你旅行的地点正好邻近你的某位关系成员，不要忘记提议和他共进午餐或晚餐。

5. 双方建立了稳固关系时，彼此会激发出强大能量。他们会激发对方的创造力，使彼此的灵感达到至美境界。为什么将你的影响力内圈人数限定为十人呢？因为强有力的关系需要你一个月至少维护一次，所以几个人或许已用尽你所有的时间。

6. 交往中不能总做接受者。如果你仅仅是个接受者，无论什么网络都会疏远你。搭建关系网络时，要做得好像你的职业生涯和个人生活都离不开它似的，因为事实上的确如此。

我们常说推销自己，但最关键的是我们要向谁推销自己的问题，向一些和我们类似的人推销自己，可能你只获得友谊。而向成功者推销自己，你的价值观念、思维方式会发生质的飞跃，更别说成功者来提携帮助你了。因此，推销自己，就要把自己与成功者定位在一起。

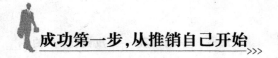

定位于成功者的圈子，要选几个自认为能靠得住的人组成良好、稳固、有力的人际关系的核心。他们构成你的影响力内圈，因为他们能让你发挥所长，而且彼此都希望对方成功。这里不存在钩心斗角的威胁，他们不会在背后说你坏话，并且会从心底为你着想。你与他们的相处会愉快而融洽，也会助你的事业一臂之力。

第六章

共创双赢
——商务活动重在推销

　　有这样一句销售名言:推销产品之前先推销自己。在推销活动中,人和产品同样重要。顾客购买产品时,不仅要看产品是否合适,而且还要考虑推销员的气质和人品。所谓推销你自己,就是让客户喜欢你、信任你、尊敬你、接受你。从事商务活动的人,很多时候都不掌握有形资产,但你必须有许多的无形资产。"推销自己"便是在这许许多多无形资产中最易找到,又最易学习掌握,最容易让人起步,最让人一生受益的无价瑰宝。你可以白手起家,但不可以手无寸铁,努力吧,成功将不再遥远!

通过推销自己来销售产品

曾有人说："销售是天下最公平的职业。"对于那些身在底层、没有任何背景可以依靠但渴望成功的人来说，销售职业为他们提供了跟命运搏一把的勇气和平台。但在工作中，销售人员抱着要打动客户的心理，甚至是使尽浑身解数，旁征博引，在客户面前喋喋不休。但最终却发现客户对你的话并不感兴趣，而且过于冗长的谈话已使他产生了厌恶情绪，很难再预约到下一次的见面机会。而那些销售高手们却总是能够屡屡得手，其中的秘诀就在于他们推销商品的时候首先要做的是从推销自己开始！

人们都喜欢跟自己喜欢的人做生意，这是销售的不变法则。在销售商品前，先推销自己，能否让顾客从心底接纳你，这往往决定着你销售的成功与否。而面对客户时的行为举止是否符合客户的期待，将决定他能否从心底里接受你。

销售并不是一个卑微的职业，销售人员不是把产品或服务强加给别人，而是在帮助客户解决问题。销售人员是专家、顾问，和客户是平等的，你懂得如何来帮助他们，因此你根本没必要在客户面前低三下四。要知道，你看得起自己，客户才会信赖你。

在陌生或是关系不很密切的客户面前推销自己，若能给客户留下美好的印象，那么你的产品也会连带有好的评价。推销自己，是达成交易的第一步。

有这样一则故事:

王小姐大学毕业后不久,应聘到某洗涤用品公司,成为一位销售新人,经过短时间的培训后,就被派到某区域市场当理货员。

她的工作职责就是将店铺里本公司的产品放置到显眼、抢手的位置,货架位置越"显眼",种类越繁多,摆得越有条理,就越容易激发消费者的购买欲望。销量提高了,超市才会多备货,才愿意本公司的产品长期放在最显眼的位置。

第一天,王小姐走进一家小型超市。面对货架前那个染黄发的女店员冷冷的面孔,她磨蹭了半天不知如何开口:要不要称呼她"小姐"啊?会不会年纪太大了……如果称呼她"阿姨"?万一她生气了怎么办……经历了一番思想斗争,王小姐终于慢慢腾腾地来到她面前,嗫嚅着说:"你好,我是洗涤公司的。"女店员转过头来,瞪了她一眼问:"什么事?""我,我来看一下我们公司的……""有什么好看的!"没等王小姐说完,女店员就把头扭了过去。

王小姐的脸一下子红了,最后她把心一横,滔滔不绝地说起来:"你们的货架有些凌乱,商品的种类比较少,如果多进一点我们的商品对你们也有好处……"她说得口干舌燥,女店员却连正眼都不瞧她一下,周围几个女店员都表情冷漠地看着她,王小姐羞愧难当……接下来的几天里,王小姐又跑了十多家店,都是这种"没面子"的结局。她的心里有些不舒服了,我是名牌大学毕业的,凭什么要干这种没面子的工作?她在电话里把这种想法告诉公司经理时,经理的一番话启发了她:"销售不是一种卑微的工作,你只是用自己的努力实现自我价值。记得在推销产品前先推销自己!"

王小姐经过仔细琢磨，觉得经理的话非常正确。是的，目标对象都不接纳自己，何况是自己推销的产品呢。此后，王小姐每周都要光顾那些小超市几次，时间久了也摸索出一些经验：前几次只是互相熟悉一下，一般只和人家说几句"你们挺辛苦的吧""这里的小偷多吗"之类的话。那些店员表面上很难缠，实际上也觉得工作有些无聊，时间一长，便与王小姐成了"老朋友"，接着就会把店里的情况一五一十地告诉王小姐。

这样，几个月过去了，那个城市有几十家超市中的"黄金"货架上摆满了王小姐所在公司的产品。

这个故事中，王小姐没有硬生生地为推销产品而去推销，而是及时地转变了观念，在增进融洽的关系中拉近彼此的距离，为客户着想，从而实现了合作的双赢。

如何更好地推销自己，以下几点需要注意。

1. 诚恳的态度

面对不熟悉的销售人员，人们通常都会有本能的自我保护的戒心，消除戒心的最佳办法，就是发自内心的诚意。所谓"心诚则灵，心不诚则零"。你必须怀着服务顾客的热忱去面对他，他自然能体会到你的诚意，才会进而接受你的产品。

2. 得宜的谈吐

成功的销售人员未必个个都是口若悬河，有三寸不烂之舌的演说家。最关键的是，清楚地让顾客了解你的产品，经由你的解说示范，让顾客看到或感受到实质的利益，这样方能打动顾客的心。

3. 恰当的衣着

衣着虽然不能代表一个人，但是，实际上，人往往以外表来判断一个人。所以，改变一下随心所欲的穿着，你会发现，别人看你的眼光也不同了。配合不同的场所及不同的顾客，做出不同的装扮，最重要的是——真诚的微笑，你会是令人难以抗拒的万人迷！

在你结束拜访、辞别顾客时，要抬头挺胸地离开。因为，直销人员的背影也代表着直销人员的风格。即使生意没谈成，也要保持最佳的风度。

一般而言，容易推销的好商品都是真材实料，你的"料"在哪里呢？这点完全要靠自己平日多加充实。

4. 以最简单的方式解释产品

推销虽然是将自己商品化，但绝不可将自己定位成廉价商品低价求售，如果自认是高品质的产品，就不必牺牲待遇降格以求。谈不拢大不了不卖，也不要自己贬身价让人看低。如果自己对条款没有理解通透，那也很难说服客户购买。学会用最简单的方式解释产品，突出重点，让客户在有效的时间里充分了解这款产品。

5. 不要在客户面前表现得自以为是

很多客户难免对产品一知半解，有时会问些非常幼稚的问题，这个时候销售人员一定不要自以为是，以为自己什么都懂，把客户当成笨蛋。很多客户都不喜欢那种得意扬扬，深感自己很聪明的人。要是客户真的错了，机灵点儿，让他知道其他人也经常在犯同样的错误，他只不过是犯了大多数人都容易犯的错误而已。

6. 善于倾听，了解客户的所思所想

有的客户对他希望购买的产品有明确的要求，注意倾听客户的要求，切合客户的需求将会使销售更加顺利。反之，一味地想推销自己的产品，无理地打断客户的话，在客户耳边喋喋不休，十有八九会失败。

7. 不在客户面前诋毁别人

纵然竞争对手有这样或者那样的不好,也千万不要在客户面前诋毁别人以抬高自己,这种做法非常愚蠢,往往会使客户产生逆反心理。同时不要说自己公司的坏话,在客户面前抱怨公司的种种不是,客户不会放心把订单放在一家连自己的员工都不认同的公司里。

成功地推销了自己,也就为你的产品成功地推销做了一多半的工作。我们千万不能走为推销产品而推销产品的套路,如果你想走捷径,推销自己就是最好的捷径。把自己打造成对方可以信赖的朋友,你的推销将会事半功倍!

成功悟语

每个人都希望发挥自己的才能,为自己的梦想而努力,这既是人们实现自我的一种心理需要,也是一种对人生价值的追求。作为一名销售人员,最基本的要求就是一定要以一种端正的心态来对待自己所从事的职业,否则你将很难做好自己的工作。心态决定命运,销售工作本身极富挑战性,是对销售人员心理素质的全面考验。当销售人员面对不同的客户时,不论客户怎样说,销售人员必须要对自己所从事的职业有一个较为理性的认识,认识到自己工作的价值和意义,体会到为目标而努力奋斗的乐趣,从而全身心地投入到自己的工作中去。

谈判中推销自己

要成功就必须赢，人们都想赢，无论是比赛或是做生意，这是竞争的本质，很小的时候，我们就为了取得想要的东西而学会了各种手段和策略。有些是好的，有些则是不好的。如果你为获胜而不择手段，最终你仍然会输。在谈判中推销自己，不失为一种智慧和谋略，你可以应用各种方法推销自己的观点，为博弈增加砝码，为成功铺平道路。

谈判中推销自己，更多的是展示自己及公司的实力，用方法巧妙地让对方接纳自己的观点，达成利于双方更利于自己的合作协议。在字典中，动词"谈判"被定义为"与另一人在贸易和讨价还价中进行协商、开会讨论，以便在合同中达成一致意见"。在生活中，谈判无处不在。

比如我们每次购买产品时，就已经参加了谈判，已经就合同与商家达成了一致意见。销售商把价格标签贴在他的产品上，你决定是否购买该产品。也许还有就价格、条款、交货时间等事项进行进一步谈判的空间。但是，最终由你决定买还是不买。

推销自己适宜，则离成功就不会太远。谈判中，你的谈吐、衣着、谈判成功的砝码、对方对你的印象等，均是你推销自己所要考虑的因素。推销不成功，则谈判不会完美，情况常常发展成为

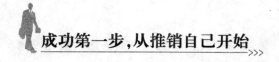

对抗。

有这样一则犹太人谈判取胜的故事。

阿波在一个傍晚来到一座小镇。他没钱吃饭和住店，只好到犹太教会找执事，请他介绍一个能在安息日提供食宿的家庭。执事打开记事簿，查了一下对他说："今天，经过本镇的穷人特别多，每家都安排了客人，唯有开金银珠宝店的西梅尔家例外。只是他一向不肯收留客人。""会接纳我的。"阿波十分自信地说，于是他转身来到西梅尔家门前。等西梅尔一开门，阿波神秘兮兮地把他拉到一旁，从大衣口袋里取出一个砖头大小的沉甸甸的小包，小声问："砖头大小的黄金能换多少钱呢？"西梅尔眼睛一亮，可是这时已经到了安息日，按照犹太教的规定不能再谈生意了。但老板又舍不得让这送上门的大交易落入别人的手中，便连忙要留阿波到他家住宿，到明天日落后再谈。

于是，在整个安息日，阿波受到盛情的款待。到星期六夜晚，可以做生意时，西梅尔满面笑容地催促阿波把"货"拿出来看看。

"我哪有什么金子？"阿波故作惊讶地说，"我只不过想知道一下，砖头大小的黄金值多少钱而已。"

这个故事中，阿波故意隐藏"假黄金"的事实，藏好自己的底牌，让咄咄的对方摸不清自己的实力，又用优厚的生意利润让对方对自己产生兴趣，从而达到了谈判的成功，实现了住宿的愿望。把自己锻炼成谈判高手，掌握几个要领是必需的。

1. 反应灵敏，抓住时机

谈判时我们要敏锐地观察局势、迅猛出击。让我们的大脑随时保持警觉性，分析不同情境下的各种时机，做出正确的选择，该认真或冷淡的选择，该坦诚或神秘的选择，该说话或保持沉默的选择，该让步或坚定的选择，该细心观察或态度和缓的选择，该给予或索取的选择，也就是说，我们必须把握住各种稍纵即逝的时机。

2. 学做猎人深藏不露

面对谈判对手时，切不可直率地表露出自己的愿望或动机。谈判者要保持着若即若离的态度；让对方感到焦虑不安，不知道交易能否顺利完成。

3. 设悬念善于吊胃口

我们既要自我推销自己，有时候也要适当地藏好自己。一般情况下，人们总是珍惜难以得到的东西，容易得到的成功不会让买主兴奋。所以，如果你真的想让对方快乐，就让对方去努力争取每样能得到的东西。除了不要急于让步，也不要太快地提供额外的服务，比如允诺快速送货、由乙方负责运费、遵照对方的规格要求提供有利的条件或者降低价格。即使你真的打算做这些让步，也要吊一下对方胃口，不能做得太快。轻易让步而令对方从容取胜反而让你输掉了取胜的筹码。

4. 适当减压

不完美的谈判会使我们产生许多压力，这是不可避免的。压力是对非同寻常的情景的自然反应，你一定不能让它主宰自己。如果让压力控制了你，就会让你发展成为怒气、敌对、个人厌恶乃至产生不理智的行为，它会控制谈判，阻挠逻辑、因果和常识的作用，妥协的可能性悄然溜走。当谈判正要失去控制时，当你感觉不怎么喜欢你的对手时，当双方的观点似乎有着深刻的分歧没有商量余地时，当你的对手似乎在侮辱贬低你时，当你被诱导得拍桌子时，那就休息一会儿。

5. 积极的开端

谈判的开始是随着双方的命令、需求和期待开始的，你可以事先调节自己的情绪，让自己积极乐观、信心满满，建议各方应首先筛选一下对方的要求，然后从简单、可能的方面入手，这似乎是革新性的，但它确实能够除掉许多常见的垃圾。有没有能够互相迁就的地方作为真正的起点呢？换句话说，利用谈判开始之前的时间整理一下谈判桌上的要点，找出能够达成一致的潜在方面，而不要一开始就从有分歧的话题入手，这样做谈判的成果会更大。

6. 做好多种准备

谈判中充满了多种善变的因素。如果我给了你所要的每一件东西，那么你会客观地检查一下结果。然后反过来，如果你给了我所要的每一件东西，我也要检查。如果我们理解了极端究竟到了怎样一个程度，就能够避免许多问题。如果可能妥协，我们就要朝着双方都能接受的可能的解决方案发展。

总而言之，谈判是一件很重要的事情，要想能够更好地达成共识，除了要做好充分的准备，还要注意展现自己的个人魅力，这是一个自我推销的过程，也是通往成功的必经之路，当对方折服在你的涵养和能力之下，还用发愁自己无法胜券在握吗？

成功悟语

人生充满了博弈，谈判中一些"姿态"对你的阵营或对手的阵营也许是必要的。推销了自己，也鼓舞了士气，但双方应该准备承认这些姿态并作为谈判过程的一部分接受它。值得一提的是，在长时间的尖锐斗争之后，当宣布解决方案时，双方都乐于谈论合同签得有多好，双方对解决方案的宣布有多开心，这个方案对每个参与的人来说是多么有意义。那么，就请珍惜谈判的机会吧！

会议上推销自己

人们在日常工作和生活中，常常需要参加这样那样的会议。参加会议，并不全是领导的一言堂，恰当地表露我们别具一格的观点，会让你更加卓越和突出。你的座次、态度、参会默契程度、发言等，这些细节因素如果应用得好，不仅能推动工作的顺利开展，也会让你的职业生涯掀开新的篇章。但要谨记，不打无准备之仗，过分地表露自己只能弄巧成拙。

参加会议是例行的工作内容，同时也是推销自己的极佳场所。会议上，你的表现将为你创造一切有利的机遇。会议中，我们该注意些什么呢？首先要注意自己的表述方式，这会让你变得更加成熟。如果你本来就笨手笨脚、干事情缺少灵性，遇到失败就赌气不干了，那么如此消极的做法，会导致今后一事无成。做事贵在坚持，无论做什么事，最初谁都不可能一下子做好，只要肯努力克服困难、持之以恒，就会渡过难关、做出成绩。推销自己的道理也是这样。

请先看看丘吉尔的开会表现吧！

第二次世界大战时期，德国法西斯大军迫近，整个伦敦处在希

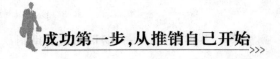

特勒指挥的敌机的轰炸之中，伦敦市民一片恐慌。

时任英国首相的丘吉尔到一所大学作演讲，整个会场座无虚席。丘吉尔到场了，所有的目光都凝聚到了他一个人的身上。丘吉尔将目光移动到会场左边，淡淡却坚定地说了四个字："绝不放弃。"然后又移动到了中间、右边，将那四个字重复了两遍，然后转身离开了会场。整个会场鸦雀无声，过了大约一分钟，会场响起了雷鸣般的掌声。因为，市民从那四个字中，找到了目标、方向和勇气。

这个故事说明，会议上好的表现，不在于我们的演讲有多么完美，措辞有多么精彩，而在于发言者向听众传达的内容是否有吸引力，是不是他们所关心的和震撼的。

我们在会议中推销自己时应该注意以下这些问题。

1. 克服发言障碍

害怕在会议上发言的人，多是自信心不足的人。他们不相信自己可以在发言中将水平发挥到最好，总是担心出错。当怀着忐忑之心说话时，其注意力几乎完全集中在自己的表情上，而没有关注讲话内容，结果大脑就会一片空白。在会议时，有意识地坐第一排，主动第一个发言，把开会当做锻炼自己的机会，实践多了，信心也就增强了。

你要明白的是，会议上发言时要关注听众对演讲内容的需求，而不是自己的面子。

会议发言是为了传达信息，而不是表演，所以自己的技巧并不重要。而且越过分地提醒自己别出错，结果却正好相反。学会关注听众的需要，把内容传递给他们，而不是单纯地追求自己的表现技巧。

2. 转移矛盾话题

会议上难免会有意见不一致的时候，如果你能不带挖苦、不带任何感情色彩地进行辩论则最好，否则最好退出辩论。如果你头脑冷静，那么熟练地与对手进行辩论，会是很有趣的游戏，但对于头脑易发热和脾气不好的人则很危险。会议中难免出现争执，一个成熟的人总是隐藏其偏见。

如果你发现别人的观点完全不能接受，就尽量转换话题。如果你对某个话题感到紧张，说什么话都会很危险，换言之，如果你只能详细地阐述你那固定的观点，那千万不要提起这个话题，除非你是会议主席。

但有另一种情况，如果你可以以开放式的头脑聆听别人的谈话，那么可以放心地讲话。总之，任何成熟有趣的话题都可以引起你的发言兴趣。

3. 巧妙提问

在各种形式的会议上，问一个印象深刻的问题通常会使你的声誉增色不少，大家会认为你确实是一个有头脑的人。如果会议过程是被录下来的，或者将要写成文字的话，在提问时要先清晰地报出你的名字、职务及公司，并简短地说明一下你提问的背景和原因，然后再提问，一般不要超过 30 秒。研究一下参加会议的人员名单，并试着接近那些看起来对你的提问感兴趣或对你有用的人。

同时，不要羞于出口告诉别人你从他们的表现那儿学到了多少东西，或者你有多么地欣赏他的讲话，相信你的这些话能同时感染你们双方。

4. 精心准备一场会议

如果你幸好被领导安排组织一次会议，那么，你该如何去

做呢？

会议并不一定真的有多大，也不一定是外出旅游观光似的会议，它也可能只是一些经理们聚集在一起，抽一些时间讨论一下经营战略问题，或者是听一听在他们的专业领域内最新有些什么发展变化，再或者是一群志同道合的专家的年度聚会。

组织会议会让你有机会成为人们注意的焦点，并能使你的名字长时间地被挂在人们口头上。会议为你提供了许多碰头、问候和露面的机会，在会上或许会受到别人对你的抱怨，如果你回答得巧妙，你的专业形象会由此而树立。如果条件允许，你可以请个专业且名声好的会议公司，替你选择会议地点和布置会场，那会让你轻松很多。

成功悟语

很多成功人士都是在不同类型不同大小的会议上"一鸣惊人"、崭露头角，领导也为自己的"慧眼识才"而感到欣慰。恰到好处地在会议上推销自己，拿出你渴望成功的勇气，激发你昂扬向上的斗志，把握机会、积极思索进取，不能一味地做麻木的聆听者，做会议的参与者，因为你的主动，可能会换取你意想不到的成功。

自我包装，让目标客户喜欢你

你还在为商家的"包装"而不屑吗？那你又知道商家因为包装而发生的利润吗？因此，要成功就必须转换一下自己的观念。包装并不意味着作假。在人际关系中运用包装手段，可以使你更快地得到别人的注意，同时也能够更好地表现自己的实力，从而使你获得更多的成功机遇。也就是说，如果你是千里马，就一定要跑起来，做出样子来给人看，让别人信服。

推销自己，就要展示自己最擅长的东西、最突出的特色，去打动人，使自己成为一望便知、众所瞩目的亮点。相应地，就要努力掩盖和淡化自己的弱点和不足，这就是所谓的"包装"。包装并非是造假，也不是不诚实，它是符合人的本性和习惯的一种手段，只不过它带有非常明显的利益动机而已。比如在大型企业中非常热门的"企业形象策划"，其实就是一种包装。

不要秀于内而拙于外，表现就像一匹庸马、劣马。因此，我们可以说，只有在你看起来非常优秀的情况下，你才有机会证明这种优秀，进而别人才会接受你的优秀，你才会获得发展，从而变得更加优秀，更具有竞争力。

商品需要包装，人也需要包装，因为一个人被别人所接受的过程同样是一个自我推销的过程。其实，人们在社会交往中，总在自觉不自觉地运用包装这种手段，最常见的就是化妆。化妆就含有突出自己亮点、掩盖自己缺陷的意味，目的无非是能更好地体现自己的修养、气质、风度和身份，使自己更加悦目宜人，以获得别人的认同。

俗话说得好："人要衣装，佛要金装。"其实包装还真是一门学问。而我们同样也需要自我包装，因为只有具备了恰到好处的包装，你也就掌握了成功营销的"金钥匙"。从事商务活动，该这样包装自己。

1. 自我形象的包装

展示个人形象是一个自我推销者能否得到客户认可的一块至关重要的"敲门砖"。客户对我们第一印象的好坏将会直接影响最终交谈的成败，所以我们在拜访客户之前一定要多花一些心思装饰自己。这种装饰并不是非要去美容店做保养，让自己看上去怎样的漂亮，而是只要打扮得得体，给人一种整洁清爽、精神饱满、充满自信、亲切大方的感觉即可。

另外，自我推销者要根据所拜访对象的不同来挑选最适合自己的衣着，包括衣服的颜色、款式以及服装的搭配等。比如，你约对方在某个宾馆会面，那么，不妨给自己选一套精致的西装，打扮得更加体面一些，展现给对方一个精神抖擞、意气风发的自己。假如在农村创业，面对的都是朴实的农村人，此时你的穿着要尽量朴素大方一些，也就是我们常说的入乡随俗，让对方感觉到你看上去比较随和，很容易与人相处，这样才不会形成一个很大的反差，农村的客户才会乐意接受你，从而产生好感，达到签单的目的。

2. 建议书的包装

我们在销售产品的时候，通常根据客户的实际需求、客户的特点如年龄、实际收入等，设计一份可行性方案或建议书，给客户做参考。建议书的美观直接影响你推销自己的成功，所以不能平平淡淡只用几张纸草书一番，如果能加封面包装，封面上应打印专呈某先生，或某女士等则效果大增，有条件的尽可能彩打，使建议书既美观又大方，而且你设计的方案也确实真心出于对客户所能得到的实惠的考虑，客户从建议书的设计上看到你的细心和周到，从心里觉得跟你合作很放心。

3. 观念的包装

销售员观念的正确与否是关系到这个人的订单能否签成的大事，所以我们一定要注重自己观念的包装。

我们不少营销高手，在与客户谈保险时，总是能针对不同的客户想出从不同的角度去说服客户的观念，用他们认为能让客户主动购买产品的观念，采用巧妙的方式向客户宣传，使经过销售员精心"包装"的保险观念，在宣传中潜移默化地感染客户，使客户在短时间内产生购买欲，并愉快地签下订单。

4. 话术的包装

商务活动离不开巧妙的话术，巧妙的话术是销售保险产品的法宝，因此包装好我们的话术，十分重要。这就要求我们销售员要针对不同的产品"包装"好不同的话术。例如对保险产品的包装话术有：①保障功能全面，解决后顾之忧；②善用借款功能，解决不时之需；③一生康宁常相伴，几度风雨坚如磐；④保一赔三，稳赚，一生一世安康；⑤健康时可以少喝一瓶酒，生病时无法少吃一瓶药，提供保障多，身故还有钱；等等。

上述经过包装的话术，我们在展示时不能面面俱到，还应该根据不同的客户，适当选用精心包装的口头话术，做到通俗易懂，使

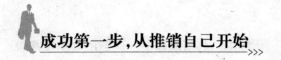

客户了解我们所销售的产品的优点。

5. 小礼品的包装

在我们平时的工作中，为了得到客户的好感，增加销售员与客户之间的感情，尽快促成订单，经常采取的一种方法就是向客户赠送一些公司的礼品，如印有公司字样的雨披、雨伞、钥匙扣、计算器、领带等。这些小礼品在我们送给客户时，为了使小礼品显得昂贵和漂亮一些，我们可以将小礼品送到礼品店里去包装一下，并附上一些吉祥的话语或问候语，让客户拿到小礼品时感到很体面，心里高兴，那么你的签单也就成功在望。

6. 合同的包装

与客户谈成一笔订单后，就会签合同，不少讲究的客户，总感到比较单调，特别是一些大的客户，当拿到我们销售员送去的他们花几千元乃至几万元购买的订单，总感到缺少些什么，这就需要我们销售员学会包装好自己所做的合同，尤其是有些客户为其他人买的礼品订单更要注意这一点。方法是，买一个契约材料袋或塑料文件袋，将订单装入袋中，使客户感到销售员想得很周到，感觉很舒心。当然对客户用于送礼的礼品订单就要专门到礼品店去包装好，再送给客户，这样让客户送礼时感到订单既美观大方，又是一种实实在在的礼品。

商务活动中，自我包装可美化自身形象，提升个人品位，更利于我们做自我推销。在这"30 秒"决定成败的时代，即便有再强的实力，如果不懂得外在包装，一个陌生的客户也很难信任你。相反，即便你水平不是很高，但能够让自己表现得很专业，客户也会对你信服得五体投地。商务活动推销自己，自我包装是叩开成功大门的高档名片。

成功悟语

懂得包装只是第一步，更重要的是懂得如何包装。如果自己不行，那么学习他人成功经验，无疑是给自己的成功增加了一个加速器。切记不要陷入迷信他人经验的误区，不然只能是欲速不达。如果我们能在包装上多花点心思，多对目标客户多一点钻研，那么你成交的概率也会增加几倍，你的成功之路也会越走越顺。

虚心请教，赢得专业人士的好感

成长的路上，我们少不了向专业人士请教，这是你通往成功之门的有效捷径。我们不能妄自菲薄，更不能自高自大，始终把自己保持于空杯的心态，虚心地向专业人士请教，你诚挚的心灵，会使对方在情感上感到温暖愉悦，在精神上得到充实和满足。要知道，挚友、诤友都是由于你的虚心培养而得来！

海明威在《丧钟为谁而鸣》中有这样的诗句："谁也不能像一座孤岛，在大海里独踞。每个人都像是一块小小的泥土，连接着整个陆地。如果有一块泥土被海水冲去，欧洲就会缺其一隅，这如同一座山峡，也如同你的朋友和你自己。"生在社会之中，没有谁会离群索居，都要与人相处。在人际交往和商务活动中，如果你想赢得专业人士的好感，你首先应该做的就是要真诚地去关心别人、重

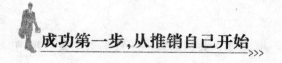

视别人。而向专业人士请教是你表达诚意最好的方式。

虚心请教,这需要具备高尚的情操和磊落的胸怀。有专业人士的指点,你就会体验到一种美好的工作和生活的氛围,你就会拥有和谐的人际关系。虚心请教是重视他人的表现,发自内心地重视别人,才可以受到别人的重视。这是一种文明的表现。商务活动中,我们没有理由让别人先重视自己,必须是我们先重视别人才行。你做得越好,你就会有越多的机会走向成功。

一个人的品位和修养,应该是在他与别人相处的过程中表现出来的。虚怀若谷,别人更容易接纳你。

让我们看看下面一则故事吧!

丽莎是个销售员,她的工作是在全市跑店铺为公司招揽主顾。主顾中有一家是药品杂货店。每次她到这家店里去的时候,总要先跟柜台的营业员寒暄几句,然后才去见店主。

有一天,她到这家商店去,店主突然通知她今后不用再来了,店主不想再从她们公司进货,因为公司的许多活动,都是针对食品市场和廉价商店而设计的,对小药品杂货店没有好处。丽莎只好离开商店。

丽莎开车在镇上转了很久,始终想不明白,最后决定再回到店里,把情况说清楚。走进店里的时候,丽莎照常和柜台上的营业员打过招呼,然后到里面去见店主。店主见到她很高兴,笑着欢迎她回来,并且比平常多订了一倍的货。

丽莎十分惊讶,不明白自己离开店后发生了什么事。店主指着柜台上一个卖饮料的男孩说:"你该谢谢他!在你离开店铺以后,卖饮料的男孩走过来告诉我,说你是到店里来的推销员中唯一会同他打招呼聊天的人。"

店主接着说："他告诉我，如果有什么人值得做生意的话，就应该是你。我同意他的看法。"

从此，这家店成了丽莎最好的主顾。丽莎激动地说："我永远不会忘记，虚心向他人请教问题，关心、重视每一个人是我们必须具备的特质。"

通过故事我们明白，向他人请教的态度问题，不是说人家是领导、权威就要借"讨教"的名分接近他人，而是说没有地位高低、职务分别，在平常小事里养成良好的做事习惯，你就会有不期而遇的收获。下面是一则实习生的困惑。

今年寒假实习，时间挺空的。领导让我帮忙做电子表格，但是有些操作不会，我就上网搜索。回来和妈妈说，妈妈就说，这种事应该问在那里的工作人员，不要老是自己蒙头做。多开口，没事也要找事问。我很困惑，是这样的吗？人家不会觉得我开口很随便吗？或者觉得我很懒，自己能解决的也要问？还是会觉得我不问问题很奇怪？还有应该请教什么样的人啊？是直接问领导，还是问看上去比较空闲的有资格员工？还是问年纪比较接近的姐姐？还是吃饭的时候问？还有，他们经常加班，我有的时候不好意思走。但是手头的事情已经做完了，怎么办？直接走人吗？

下面是专业职场专家做出的解答。

首先，具体要分什么问题了，工作方面的问题，可去问有经验的同事；一些小问题、小事情就可以去网上查查。当然，有些人很乐意为你讲解，也有的人就是觉得你是在浪费他们的时间……还有，下班时间是公司规定的，你的工作完成了你就可以走，但你走的时候至少给他们打一个招呼,问问还有什么要帮忙或者还有什么工作要做,实在没有你就可以走了,这样至少给人家一种尊重。

请教问题不是死要面子,因为问别人问题不是可耻的,而是一种谦逊的美德,只会让别人尊敬你。有些事不要去想得太复杂,很少有人会因为你去问他们问题而觉得你差劲的。

关于请教的技巧。首先你需要了解你请教的人他哪块最熟悉,他才好回答你。你最好先把你想请教的问题做个总结,是那些你实在找不到答案,并且迫切需要知道的问题,这样一来你问的问题有了针对性,不仅节省了你们双方的时间,还有利于对方把这个问题的答案给你说清楚,毕竟总结的时候相当于你又重新阅读了一遍你需要请教的问题,这样知道答案的时候,就更容易理解和明白了。

成功悟语

真正胸怀宽广做大事的人,是不会将学识藏着掖着,你大胆、虔诚地向他人请教问题,既显示了你的涵养和上进心,也是对他人学识渊博的一种赞同和肯定。多数成功的人,都有很强的学习能力,他们能在人群中,极具慧眼地找到自己所寻求的"贵人"拜师学艺,从而使自己变得更强大。

推介推介再推介

一个在北京久坐公交车的人，只要时间一长他一定惊讶地发现，自己竟然能背熟公交视频上的几则广告！这就是连续不间断推介的作用。推销自我也是如此，一回生二回熟，彼此间还不够默契和熟悉，也许是因为你推介自我的力度不够。一个产品的销售也是如此，陌生的品牌到熟悉和忠诚的品牌之间的过渡，推介的作用功不可没。

电影界和娱乐圈里随时都会有一些新人出现，当他们崭露头角之后，多数会被某一家公司收纳其中。根据他自身的条件和社会的风潮进行重新的包装，包装后他的言行举止都不一样了，远远看去，已经有一些明星的风范。

诚然，被人包装也是需要机遇和条件的，当没有人肯为我们耗费时间金钱的时候，被动地等待远不能让我们达到成功。只要有心，世上就有路，没有条件我们也要创造条件把自己推出去。

不久前，一位朋友去了趟庐山，一件事令他印象深刻。那就是每到一处饭店酒家，服务员都会向游客推介当地的特色产品——麻辣酱。它不仅包装精美，而且服务员还会巧妙地将它与庐山一些美丽的景点和传说联系在一起。

一瓶麻辣酱在服务员的热情解说下，俨然成了推介庐山的"金名片"。游客纷纷慷慨解囊，把它当纪念品买下，拿回去馈赠亲朋好友；没买的，权当免费听了一回庐山美景介绍，感觉特好。其实，这就是当地政府的高明之处，那就是不放过任何机会，利用一切资源和形式，推介庐山，宣传庐山。

上述中产品的宣传是互为连接的，用麻辣酱宣传庐山，又同时用庐山宣传麻辣酱，激发购买者、参观者的消费欲望。从而达到了庐山、麻辣酱的共赢。

他山之石，可以攻玉。要在挖掘特色上下功夫，让一些具有代表性的小产品成为推介主产品的好帮手。在打造品牌上下功夫，品牌是产业的市场形象，是做大市场的基础，以小品牌做大市场，推介推介再推介。

被誉为"世界销售之神"的乔·吉拉德很有耐性，不放弃任何一个机会。或许客户五年后才需要买车，或许客户两年后才需要送车给大学毕业的小孩当礼物；没关系，不管等多久，乔·吉拉德都会隔三差五打电话追踪客户，一年12个月更是不间断地寄出不同花样设计、上面永远印有"I like you!"的卡片给所有客户，最高纪录曾每月寄出一万六千封卡片。

"我的名字'乔·吉拉德'一年出现在你家十二次！当你想要买车，自然就会想到我！"展示着过去所寄出的卡片样本，乔·吉拉德的执著令人折服。

乔·吉拉德还特别把名片印成橄榄绿，令人联想到一张张美钞。每天一睁开眼，他逢人必发名片，每见一次面就发一张，坚持要对方收下。乔·吉拉德解释，销售员一定要让全世界的人都知道"你在卖什么"，而且一次一次加强印象，让这些人一想到要买车，自然就会想到"乔·吉拉德"。

乔·吉拉德有一个特别的习惯，喜欢在公众场合"撒"名片，例如在热门球赛观众席上，他便整袋整袋地撒出名片，他耸耸肩表示，"我同意这是个很怪异的举动，但就是因为怪异，人们越会记得，而且只要有一张落入想买车的人手中，我赚到的佣金就超过这些名片的成本了！"

一直到条件改善，乔·吉拉德还是保有到处广发名片的习惯，他说虽然已经不卖车，却还是卖书、卖自己的人生与行销经验，寻求各种可能的演讲与曝光机会。因此，到餐厅用完餐，他总是在账单里夹上三四张名片及丰厚的小费，经过公共电话旁，也不忘在话机上夹个两张名片，永远不放弃任何一个机会。

乔·吉拉德花了三年时间很快打响了名号，让人生演出大逆转。他第三年卖出343辆车，第四年就翻涨，卖出614辆车，从此业绩一路走红，连续十二年成为美国通用汽车零售销售员第一名，甚至变成世界最伟大的汽车销售员。

不要以为只有做推销工作的人才需要让大家认识自己，事实上，名声在每个行业都有举足轻重的作用。请认真思考一下，你认为一个产品是从哪里得到的印象？大都是广告。你认为一个人有实力，多半也是被其名所动吧？

为了把名声打出去，与各界人士保持良好的接触十分重要。不要等待，一味地等待只能使你错失良机。如果你到一个新的环境，如机关、企业、学校等，在彼此都不认识的时候，你要主动"出击"，以真诚友好的方式把自己介绍给别人。

成功悟语

推介一次，别人可能什么也没记住，推介次数多了，人们就对

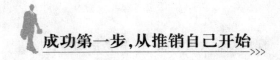

你印象深刻，甚至成为了好朋友。人与人之间接触越多，距离就可能拉得更近。这跟我们平时看一个东西一样，看的次数越多，越容易产生好感。在一个人身上，广告效应同样是把自己推销出去的关键。

靠近热点你也是热门

商场上有句俗语，第一个吃螃蟹的人未必赚钱，但第二个、第三个跟着吃螃蟹的人肯定赚钱。这就说明了市场上某项目成功后，跟风的现象。一旦市场气候形成，跟风者以敏锐的眼光跟着大发一笔。靠近热点，就是这个道理，你可以从热点上借光，同时也可以成为热门！

追随他人成功的脚步实现自己的成功。但好比甘蔗，甜汁榨多了，也就无味了，后期跟风的大多数往往未能如愿。追随热点追得好、追得早，你也会成为热门，成为坐享其成的成功者。

"靠近热点"之"潮"遍及社会各个领域和阶层，从某类型服饰的跟风到炒股、房地产买卖的跟风，从日常消费的跟风到文化消费的跟风，从广告明星代言的跟风到电视栏目的跟风，从留学跟风到文凭跟风，这一浪高过一浪的跟风潮，"成就"了不少影视明星、文化名人、明星企业、电视台。

请不要一味地蔑视跟风，你可以不参与，但你不得不承认，早期的跟风者获得了巨大的成功。

早在 2008 年 7 月，杭州就在全国率先提出打造"低碳城市"

的目标，同时还加大了对低碳企业的支持力度，比如企业营业税减免等。

杭州 A 养殖有限公司的甲鱼养殖场积极利用"低碳"这个热点，生产出"低碳甲鱼"，创造了良好的经济效益和社会效益。此举吸引了一批批杭州政府官员前去参观考察。大家参观的焦点是该养殖场装有 6 台地源热泵空调，妙用地热能为大棚加热，不仅减少了温室气体排放和能源浪费，而且降低了成本。

两年前，这里的李老板投资了近百万元，在萧山围垦区建立甲鱼养殖场。他说，甲鱼生长最佳气温为 33～35 摄氏度，为保证这个温度，他那时只能用烧煤制暖。一个大棚两端各设置 2 个煤炉，三个大棚每天至少要烧 720 个煤饼，成本价在 500 元左右。他说，烧煤不仅成本高，而且排放大量的二氧化碳，更关键的是，在 60 米长的大棚里，由于空气流动差，烧煤制暖往往出现两头热、中间冷，甲鱼容易生病、死亡。

2008 年，李老板开始改用秸秆制暖，虽然材料成本下降了，但人工成本大幅上升。尤其是，制暖不均匀的问题依然难以改变。

面对惨痛的经济损失，2009 年 3 月，李老板思考能否利用地源热泵原理改进空调。于是，他打了一口 13 米深的井，再买来空调、PVC 管、铜管进行实验，为此先后投入十几万元。短短 6 个月时间，他成功改造出第一台地源热泵空调。如今他的甲鱼养殖大棚里，不仅气温均匀流畅，且甲鱼生长得非常好。

李老板说，地源热泵空调制暖，成本比烧煤要下降很多。他说，目前他已给十六七家养殖户安装了地源热泵空调，材料成本价只要 6000 多元，几年时间之内就能收回成本，"还有很多养殖户叫我去安装。"年初，甚至有几个养猪场老板提出，希望能借鉴他的

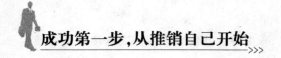
技术实现养殖上的节能降耗。

这个故事里，创业者李老板关注"低碳"这个环保热点，积极改进自己的设备，不仅降低了成本，还将自己的甲鱼产品推向了热门。她的成功之处在于关注潮流，紧跟发展趋势，做出了正确的判断。由此可见，现代社会商机无限，就看你如何去开发和利用了。有了热点，你去加以发掘和利用，你的成功就不再遥远。

由此看来，有些时候成功离我们并不遥远，关键在于你能不能捕捉热点，然后再借着这股强烈的风暴最大限度地改进自己、推销自己，让更多的人知道自己、了解自己，当我们在热点中不断地提高着自己的知名度和声望，更多的机遇就会迎面而来，而我们也就顺理成章地成为热门之下的焦点。

有时候，推销自己说白了就是用自己的智慧"借船出海"，善用热点元素装点自己，你也就能成为众人瞩目的焦点。只要你具备细致观察的眼光，将清达到成功的每一个步骤，坚定不移地去执行，获得成就也就指日可待了。不论是社会热点，还是商业热点在我们周围均数不胜数，就看你能否应用得巧妙。总之，追随成功者的步伐，你会进步得很快！

成功悟语

成功者都是善于捕捉市场机会的，发现了市场热点，你就需要勇敢地将自己"推出去"。如果创业者能够瞄准那些需求开发及推出新产品，创业的成功率相对较高。那就是说，成功的路途上，不仅要低头走好每一步，还要关注其他人在做什么，关键是你要积极借力助自己成功。

第七章

众里寻他
——将你的风格隆重推出赢得真爱

　　尽管生活的担子很重，但我们依然有权利享受爱情。大部分情况下，我们面对心仪的人而行动迟缓，关系无法更进一步融洽。我们可以就当做是陌生人，采取有利的技巧，以最快和最有效的方式，化陌生为友好，顺利完成任务，与心仪的人结识并相恋，这其中有着无尽的技巧。其实，在陌生人面前，甚至在熟人面前，我们都在"自我推销"，展示热忱，敞开心灵，寻得爱情。要想为生活增彩，积极一点推销自己就对了。

以自然的方式相识

古今中外，有很多人因迟迟未向心仪的人推销自己，而错过姻缘，抱憾终身。恋爱之中，男女双方由陌生人变成朋友，再向恋人关系转化，此间推销自我为对方更好地了解你提供了便捷。在这样一个个性张扬的时代，将你的风格隆重推出，大胆地推销自我，将为你赢得真爱。而这第一步，就要把好相识这一关。

恋爱与结婚，是人生中重要的一个阶段。此期间，推销自我会为你的恋爱增添许多浪漫的色彩。自由恋爱，就是自然而然地相识，顺其自然地相恋，然后走进婚姻。

当你遇到了自己心仪的对象，忐忑、茫然、猜测等心理作祟，如何赢得对方的爱呢。

茫茫人海里，自己"单身贵族"的身份怎样才能彰显？如何知晓眼前心仪的女生目前有没有男友？怎样在人群中找到和自己一样在寻找对方生命中那个正确的人呢？单身朋友们常常用"单身戒"解决这样的问题。只要留心观察就会发现，街头一些时尚达人们的手上戴有造型新异的红线圈戒指。据说，每个佩戴戒指的人，都可以凭借这类戒指作为单身标签，让自己在单身旅途中与单身的她（他）发生美妙的邂逅。

某报社记者萧萧是一名单身戒指的拥有者，26岁，一个人生活了4年，她并不是一位独身主义者，只是一直找不到合适的对象。前些年看上过两位男士，可人家已身为人夫，她是个善良的人，遇到这类情况只能作罢。可现在父母逼得急，她的圈子又小，不敢随意接触一面之缘的人，再者她也不可能见人就说自己未婚吧。听朋友说戴上单身戒就表明了自己的身份，看到戒指，就看到了你的生活，更清楚你的身份，不用说半句话，摇摆下手就心知肚明！萧萧的一位死党小王偷偷透露，最近几天萧萧身边就多了一个影子，她说这种方式挺好，她祝愿萧萧能早点找到幸福；而她自己则是个独身主义者，戴单身戒是想公开自己的立场，一个人快乐又自在。

与萧萧有着同样心境的王晓一直希望能拓宽自己的交际圈。"谈恋爱我特别看重是否合眼缘。"王晓从事的是IT业，单位的单身女性比较少，而且很少能让他满意。"常常看见对面走来的女生觉得很是喜欢，但又不敢贸然上去打招呼。对方要是有男友了，我会觉得尴尬。以前就一直想，能不能靠什么东西把单身和非单身区别开来。"

当然，在王晓看来，这样的相亲方式成功率也高一点。"戴戒指无非就表明两种态度。一种是单身主义者，一种是像我这样渴望爱的人。"

两个人首先得相识，彼此有了好感才能发展为相恋。相识的方式有许多种，其中也涵盖了很多有意无意的自我推销。而自由相恋的认识方式有青梅竹马、同窗好友，还有偶然的相遇。也有相遇的方式是浪漫多姿的，火车上偶遇，电梯相遇，不打而相识，尽管类似的偶遇存在一定的不安全性，但是这样的相识方式却为彼此相恋

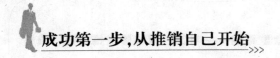

蒙上了一层美丽、神秘的面纱。

相识的另一种方式就是相亲。对方经媒人介绍，你可以在思维意识里形成一个对对方经历的大概轮廓，也让你看清对方的各方面条件，更加理性地分析是不是适合自己未来的婚姻。当然这种经说媒介绍的相识方式也不能马虎大意、操之过急，我们身边不乏有经媒人介绍，不到一月就闪电式结婚，然而没过多久又闪电式离婚了的。

现代社会男女相识的机会很多，双方或其中一方就更有自我推销的机会。不像古代的女子，锁在深闺里大门不出，只能让媒人把自己随便介绍给别人，掌握不了自己的命运。现如今女子走向社会，跟男性一样工作、生活，甚至会比男性有更高的薪金和职位，无形中增加了男女间更多的相识机会。同学间、同事间相恋的例子在我们身边已屡见不鲜。

步入网络时代，又为男女间增加了一条相识的途径，看看如今众多婚恋网站的火暴情况就知道了。网恋对于未婚少男少女也是一件好事，双方通过网络撇开一切顾忌和害羞做着诚实的沟通，达到姻缘一线牵的效果。如今网恋成功的案例比比皆是。但是，从线上走到现实，80%要考虑的部分还是现实情况，如果是虚幻，那么这种相识只能停留在相识层面了。

不管怎么说，自由恋爱的方式还是被很多人所钟爱，他们觉得经媒人介绍有些直奔婚姻主题的意味，功利性太强，有些不自然，相识了就步入婚姻殿堂吗？

相识的过程，是自我推销的过程。自由恋爱的一般过程是有了爱情，才要婚姻。也有的情况是先有婚姻，再有爱情，但也不全是有了婚姻就一定有爱情。

总之，以自然的方式相识，在心仪的人面前最大化地展现推销自我，才有下一步发展的根基。虽说自由恋爱并不是婚姻幸福的直接原因，相爱容易相处太难，但不管是以哪种方式相识相恋，终极目标是走向红地毯，共同的幸福需要双方的共同努力，需要双方的宽容，相识的过程里需要增进彼此了解。有许多自由恋爱，一生相恋到老的典范，也有许多先结婚后恋爱的例子，他们都是同样的幸福，因为在相识的过程里，推销了自己又深刻地了解了对方。

成功悟语

在茫茫人海中两人彼此相识就是缘，相知就是分，相爱就是一种幸福。以自然的方式相识，给自己也给对方一个了解彼此的机会，如果第一面就不投缘，不认同对方的生活习惯和生活方式，那下一步的交往就很难开展了。讲究自然的方式相识，留给对方美好的印象，这才是进一步交往的根基。

多方面了解对方

如果你能做到在约会前进行准备、约会中全神贯注地聆听，基本上就能在一到两次约会中知道对方是否适合继续交往。和对方约会有趣吗？约会应该是有趣的！生活也应该是有趣的！通过约会了解对方并不是说就要干巴巴的，枯燥乏味得像一次面试。所以，你

们的交谈应当是轻松自然的，不必强求对方去回答什么。轻松的状态也容易让对方更真实地展现自我。

人常说，言为心声。了解一个人的性格应该是从谈话开始的，如果是素未谋面的两个人谈话，如果对方所展示的是好的一面，善良的一面，就像是跟另一个我在讲话，这样就觉得这个人性格很好，心理也很健康。

如果是熟悉的两个人，谈话的内容会围绕大家所熟悉的事情，最好的结果是大家达到共识，从而认识了对方，了解对方的性格；坏的结果是未能达成共识，从而否定对方，交往不会长久或干脆断绝。

如果是关系不好的两个人，按照常人的脾气，均不屑跟对方谈话，因为之前就了解对方的性格，从心理上就否定了对方。

恋爱中，人们可以从多种方式了解对方的性格及意图。如弦外之音、肢体语言等。请看下面一则故事。

恋爱中，如果能读懂对方，你们将更加默契。

一对青年男女坐在咖啡厅里喝咖啡聊天。男士不断摸索着杯子，扭着领带，但女方决定该离开了，但她并没有宣布自己就要走了，而是她分阶段实施。为了确保不令男方难堪，她开始做出一系列的"指向性动作"，以表明她想离开。首先把自己的目光作小小的调整，同时身体换以两腿交叉的坐姿，将自己的胳膊和腿摆放在外，同时她的脚尖向外，身体倾向门口的位置。而这些潜在动作信号并非有意做出的，女方甚至没有意识到，她做出了一连串的动作。尽管女方发出的信号不很明显，但男方可能已经发现，并相应地改变了自己的姿势，开始收回抚摸茶杯和扭领带的手，开始双手交叉放在桌子上。随即，女生表明离开的声明，男生会意后并回应。其实，这些一连串的身体动作每天都在上演，如果男女能够领会对方的肢体动作，在恋爱和交友过程中就会变得轻松容易很多。自然，也能赢得对方的青睐！

上述故事提醒我们，在恋爱时要具备"察言观色"的慧眼，读懂对方的意图，会让你少走不少弯路，也会让你成功的概率增大。

那么，如何在约会中快速而准确地了解对方呢？首先要做好约会前的"思想准备"，包括要弄清楚你到底希望未来的恋人具有哪些特点，以及你特别不能忍受的一些缺点。根据专家研究的结果，有4个方面是你一定要重点关注的：恋爱类型、个性特征、价值观念、关系互动。只有充分了解自己，才能更好地了解对方。

在约会前，你可以设计一些适当的问题，准备在约会中提问。带着一个清晰的意图去约会，你对对方的判断会更加清晰。

同时，学习聆听也很重要，不仅要专注地听对方说的每一句话，还要运用其他感官，观察对方的表情、眼神、手势，听对方说话的语气，因为这些是你约会中能接收到的绝大部分信息，是你了解对方的主要方式，所以一定要全神贯注地吸收。除了聆听，适当地提问也很重要。

在约会的过程中，男女双方通过交流互相交换很多个人信息。当然在约会中也会有低效的时候，因为交谈的话题都是围绕近期的八卦新闻或者最新的电影，类似的信息交流对于双方深入了解是没什么帮助的。在交流中，我们应该更多地关注对方交往的是什么朋友，对方的爱好兴趣，对人对事是否有责任感，对方脾气怎样，如何看待异性等。这些信息不一定由对方直白地说出来，但可能隐含在对方讲的事情或一些想法里。因此，我们既要推销自己，又要全神贯注地聆听，不放过任何蛛丝马迹。所以说，约会的地方尽量选在可以舒服、放松地聊天的地方。

一般来说，约会中的双方都希望给对方留下好印象，所以会比较关注自己的表现。但这不是最好的策略，其实努力去留下好印象，甚至讨好对方，往往让自己不能充分关注对方和了解对方，也不能展现自我真实的状态，从而失去一些自我的本真魅力。成熟的约会应该是双方都专注于对方，并围绕一些较深入的话题交换想法，这才能真正相互了解，知道对方是否和自己"心灵匹配"。

1. 约会中怎么提问

约会中切不可光顾自己说话，也应多鼓励对方多讲话，形成互动，不仅融洽了氛围，还可以收集到更多信息。你可以适当提出一些很基本的问题，例如"你对你的工作感兴趣吗？"类似问题可以深入揭示出对方的内心。如果对方兴趣盎然地用很长时间解释为什么喜欢或者不喜欢目前的工作，从此事中可断定出对方是否是个快乐、乐观的人。提问中先从简单问题逐渐过渡到一些深入的问题，可增进彼此的了解。问题应该围绕对方的日常生活和工作，看看什么会让对方感到快乐，什么会影响对方的心情，原因是什么，这都是提问能了解到的。

2. 更重要的是观其行

的确有一些人比较能说，善于掩饰自己真实的内心，但是他们的行为却往往能揭示出真实的自己。经过第一次约会，你可以了解到：对方接电话时的态度，是否准时，是否有礼貌，如何对待服务生，以及其他一些能体现价值观和品质的行为。

要注意分析对方的一些判断。心理学家研究表明，如果一个人能做出正确的、合理的判断，那么他们对于婚恋关系的经营能力也会较高。

3. 直觉也很重要

通过约会了解对方的过程中，直觉也很重要。你对对方感觉舒服吗？在对方面前，你感觉能放松地做你自己吗？即使你在约会中没听到对方说了什么不对的话，但你还是有种"好像有什么东西不对劲"的感觉，你就要警惕了。女性的直觉尤其敏锐，可能就是对方的一个眼神、一个表情，被你的直觉抓住了，也可能意味着某种隐藏在他背后的东西。所以，也要关注你的直觉，关注你内心的"小声音"，作为理性判断的补充。

只有我们认真地观察了对方，通过各种方法了解了对方，才能和对方产生心有灵犀的共鸣，同时顺利地将自己的优势和想法传递给他或她，完成一个卓越的自我推销过程，只有这样，我们才能更顺利地赢得爱人的心，当然也就为自己的美好姻缘埋下了一个不错的伏笔。

成功悟语

我们要善于捕捉机会，机会争取到手后，还要努力使自己最大限度地加以把握。只要你留意观察，每个人的特点都能最大程度地表现出来。你不但要适当地表现自己，还要最大限度地通过多种方法了解对方。有些细节是不明显的，只有你认真甄别，才能确定对方是否就是你所要找的人。

赢得女人的爱

爱情，会在真正懂爱的人身上生根，能愈演愈烈，能有灵有性，有情有血有泪，用生命用灵魂用一切的最真去爱对方。爱情能感动你，能让人时刻都想着对方，自然，你也不会做有违良心的事，有对不起她的事。这样的真爱是很纯洁、很崇高的。赢得爱情的成功，你的自我推销技巧不可忽视。

面对心仪的女子，直接大胆地追求未必奏效，而采用一些方法，会让你不失面子又轻而易举地赢得爱情。而其中自我推销的方法就必不可少，在心仪的人面前推销自己，会让自己自信心大增，会让自己优秀的一面不自觉地展现而形成习惯，伴随着你爱情的成功，事业也会一路坦途。

沈从文是现代著名作家、历史文物研究家。他当年在上海公学任教时，见到他的学生张兆和，就很快地迷恋上了这位大家闺秀，并展开了对张兆和的疯狂追求。虽然他在开始的时候并不顺利，甚至还遭到了一些挫折，但他并没有气馁，给她写过很多的情书。张兆和收到了那么多的情书，不知道该如何是好，所以就拿着沈从文的情书去找胡适校长。结果胡适反而劝张兆和，劝她嫁给沈从文。这是沈从文追求张兆和的过程中一个重要的转机。张兆和的思想出现了动摇，两个人的恋爱就要步入正常的轨道。

等张兆和回到苏州老家后，沈从文并未停止追求的步伐，他带着巴金建议他买的礼物，即一大包西方文学名著敲响了张家的大门，并得到了其二姐张允和的好感，张允和就让妹妹大大方方地把老师沈从文请到家里来，兆和终于鼓起勇气回请了沈从文。心潮澎湃的沈从文回到青岛后，立即给二姐允和写信，托她询问张父对婚事的态度。至此，张兆和答应了订婚，他们成了一辈子的恩爱夫妻。

以上给我们展现了沈从文大师在恋爱时的一段佳话，沈从文在爱人面前执著追求、孜孜不倦，并且在追求、爱恋张兆和的过程中，他写下很多动人的文字。他先是用情书"狂轰滥炸"，又得到了校长胡适的支持，更勇敢地登门拜访，得到了女方家人的认可，争取到一切有利的条件，最终顺利地赢得了爱人。以下的建议希望对你有所帮助。

1. 让女人感到你将来会有出息，跟定了你

当你想要说服女性时，你不妨尽量谈论你对未来的设想，若女方本来对你怀有好感，又听了这种话，则内心不由得沾沾自喜，以为自己交到了理想的男朋友，甚至想助你一臂之力。

2. 好记性，牢记女人的所有细节

爱对方，就要关心和留意她的一切。生活中的琐事常会被女人关注，女人的世界几乎是由众多的芝麻小事构成的，而粗心大意的男人却并不太在意这些东西。女人对自己有几种颜色和款式的衣服记得清清楚楚，而男人常常将此忽略。

男女交往中，女人在不经意的时候说出她的某些爱好、打算去做的事、过去的经验等,如果被某个男人偷偷记下来,在一些适当的时机重新提起,这时女人往往会受到极大的感动。因为她们认为自己是被对方关心的,自然而然就将男的做法自以为是地理解为对自己的关注。"他可能会忘记了别的事情,但一定不会忘记我的事",甚至暗自窃喜"他这么关心我!"这种感动很容易转化成对男人强烈的信赖和依恋。此时,你的技巧性推销也告成功。

3. 勤快,做事及时到位

这是在恋爱中用做实事来推销自己的策略。男人或许想不通,在女人眼中,评判男人的好坏多数是用他们的具体行动来衡量的。男人在对女人说"我爱你"时女人表现得那么平静,那是因为你做的实事还不够多,她们会反问"真的吗?""爱有多深?"生活里,男人的嘴远超越了他们的腿,如此轻率的表白当然不足以让女人信服。甜言蜜语已经不能够让女子醉倒,她们更愿意看到你的实际行动作出的证明。

实际上,女人在反问"真的吗?"或"爱有多深?"时并非真的要男人给出什么具体的答案。她不过是在表达自己对彼此感情的疑惑,希望以此来确定爱情的真假罢了。如果男人在准备表白爱意之前,能够及时到位地做一些实事,勤快地奉献,没有哪个女人会不为你倾倒的。有时甚至不需要说出来,爱情也会迎面扑来,这也是推销自己的最高境界。

4. 果断,不容分说的决定

女人本身容易优柔寡断,如果与她搭档的男人一样拿不定主意,会让女人失去主心骨,对他丧失信心。相反,男人也会为女人的优柔寡断而头疼,跟女人逛商场时她们会为了选择一件物品而不停地挑三拣四，等到下定决心买下来了，刚结账出门就开始后悔。而她们在感情交往中一样地顾虑重重。女人天生有一种心理畏惧感，她们因要为自己的行动负责而产生的恐惧。她们不敢做出决定，只因为害怕出错，因此，男人希望是从女人那里得到一个肯定干脆的答案可以说只是一种奢望。

要想赢得女人的爱，推销自己首先要推销自己的果断。当男人需要表达自己的愿望时，口气应当果断些。例如，找女人出去游玩时，与其问她"下次一起出游好吗？"还不如以不容分辩的口吻告诉她："下次一起出游吧！"这样，女人答应你赴约的可能性将会提高很多。类似果断的行为看上去有些粗暴，但实际上非常奏效。这样做既体现了男人做事干脆的性格，又帮助女人干脆利落地解决了那些始终悬而未决的问题，既给她下了决心，也为你赢得了机会。

站在女人的立场上，男人若是霸道地将自己的行动当做理所当然之举，女人心里不可避免会产生抗拒感，结果也会很自然地产生"服从他是理所当然"的想法。按照女性心理报告，现代女人本质上依然留存着她们祖母那样的心理依赖，当然她不会说完全服从你，却无法摆脱她们在某些事情上渴望男人决定一切。所以说，果断就是男人的利器。

5. 承诺，勇于承担责任

大丈夫一诺千金，这是备受女子崇拜的英雄品格。现实生活里有着一样的道理，遵守诺言、勇于承担责任是大多数女人理想中的最佳伴侣。这承诺包括对爱情的承诺、对家庭的承诺、对将来的承诺，以及所有女人关心的事情都是男人需要给予的承诺。

在女人看来，男人的承诺代表他是否有魄力，是否有能力保护

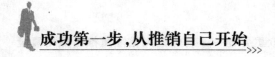
她，从而撑起一个家。同时也象征着男人对她们是否重视的问题。男女平等可能是女人不曾强烈要求的，但她们决不放弃争取自己在男人生活中的重要地位的权利。男人对她们做出的承诺，等于认可了女人所需要的位置。承诺也代表着女人希望的一种契约关系的形成。不论是婚姻，还是同居，理想化中的女人让她们相信承诺远大于相信法律。承诺代表一种安全感，它强调了男人所能提供给女人的保护。女人都是容易受惊的动物，她们理想中想用一生找寻的爱情在一定程度上就是一个避风港。在女人面前做出你能兑现的承诺，不失为一种高明的推销方式。一旦承诺兑现，会让你魅力大增。

如果你对心仪的女子充满了爱意，就绝不会守株待兔。爱得愈强烈，你的自我推销能力就愈强，你的自我表现技巧绝不会止于本文推荐的方式，爱情心诚则灵，如果适当地应用一些自我推销的技巧，会让你们的爱情之花绽放得更加美丽！

成功悟语

人常说，女人是水做的，再强悍的女人，在她心爱的人面前，也会显现出娇柔的一面，所以，男人对待女人要宽广包容。人们还说，女人是感情的动物，喜欢感情用事，因此，男人要理性宽容。在你心仪的人面前推销自己，是出于真爱的力量，只要心诚，无须技巧你也可能成功。

赢得男人的爱

　　什么是爱情？它是快乐与悲伤的综合体；是甜蜜与痛苦的代名词；它像是一个千古之谜，到目前为止，没有人能给出一个准确答案……人们饱受爱情之苦，但追随者依然比比皆是。作为一个追逐成功的女人，同时也是幸福的追随者，你尽可以满怀智慧地推销自己，幸福一生将不再是天方夜谭。

　　结婚是人生的一种选择，而独身也是一种生活方式，应该得到大家的认可，大家更要尊重这种选择。不必用传统的旧观念、旧思想去约束，这也是社会文明的进步。但如果你不想独身一辈子，不想做剩女，则要尽早转变思路，调整好自己，将择偶的主动权掌握在自己手中，越剩越被动。也许以下建议希望对你有所帮助和启示。

　　我们要保持心态的年轻，心是年轻的你就永远是年轻的，不妨学会暂时忘掉自我的一些东西，凭着内心的灵性去寻找真爱。长得漂亮的总想着自己的漂亮，在不知不觉中就会把自己抬高了，而这会让你错失很多机会；长得平凡的总想着自己长得不好看，在不知不觉中把自己看低了，想当然认为别人会看不上自己，很多可能的机会同样会被你错失掉。其他如学历、才气和财富也一样，心理感觉反而可能会阻碍你的视线。如果你对一个男士存在爱慕之意，就大胆地凭着你的直觉和灵性去争取吧,只要大胆推销,机会就自然增多。喜欢他,就要想办法抓住他的心。你知道该怎么做吗?请先看看下面一则故事。

小张和小王同时爱恋上了一位优秀的同事李先生,小张好胜心强,在一些思想的引导下,拼命证明自己多优秀、多强悍、多值得对方的爱恋。同时,小张的家境也不错,个性独立、坚强、乐观,永远笑对人生,而且那么机灵,那么狡黠,那么可爱,简直是一个百分百女人,面对一个完全不是对手的情敌,她为什么会失败!

小王是一个乡下姑娘,在公司做默默无闻的会计,样子虽然清秀,也算不上太好看,性情拘谨,也没多大的兴趣爱好,生活圈子只有几个同学而已。而就是小王这样的一个女人,竟然牢牢地霸占住了李先生的心,以至于面对可爱无敌的小张,他丝毫没有犹豫就选择了小王,最终小张伤心地从公司辞职,小王和李先生过上了幸福的生活。

这个故事反映了在现实生活中,也会有小张这样优秀的女人被平凡的小王打败。明明全是优点,却被一个不如自己的女人抢走爱情,情何以堪?所以说,女人要想赢得男人的真爱,就不能总想以自己的优秀压制对方,让他感受不到爱的美好,也不能总认为自己处于优势,从不低头,总要人迁就自己。切记男人在恋爱的时候像个孩子,他们的情商和智商可能只有 15 岁的少年那样,单纯得只想找一个属于自己的公主,然后为她开创一片美好的江山。那么,女性同胞们,我们应该如何表现赢得男人的真爱呢?以下建议希望对你有用。

1. 看淡爱情

女人更多地会把爱情当做一种信仰，把它看做生命中不可缺少的重要组成部分。女人希望的爱可以是轰轰烈烈，也可以细水长流，女人更希望得到爱情的滋润。

回到现实里，爱情并不是我们生活的全部，除此之外，家庭、事业、朋友……都能成为你关注和生活的重心。生活色彩并不仅仅是非黑即白的单色调模式，只有各种各样不同的元素互相拼接在一起，生命拼图才能最终变得缤纷多彩。只有看淡了爱情，你才能赢得爱情。

2. 适当沉默

两个不同类型的男人，一个文质彬彬斯文有礼，一个滔滔不绝夸夸其谈，你会选择哪个呢？大多数女人会毫不犹豫地选择第一个。因为女人们更希望有安全感和稳重感。既然我们都喜欢有真才实学言之有物的男人，同理，可以想象一下自己手舞足蹈在男人面前絮絮叨叨时，他心目中对自己的评价。

女人推销自己，重要的方面还是素养。而适当地沉默可以让你造就素养。一个人的涵养高低很容易通过言谈举止表现出来，头脑中的事物也不一定要靠嘴巴说出来别人才会信服。聪明女人懂得在适当的时候运用沉默，这样才能增加自己在对方心目中的神秘感。

3. 斩断情丝要干脆

恋爱中推销自己要有所保留，首先保留的是自己的隐秘恋情。能占尽天时、地利、人和的各种优势的恋爱少之又少，"追忆逝去的恋情"的情况时有发生，这时你选择不管三七二十一下定决心勇往直前，不撞南墙不回头呢，还是选择悬崖勒马及时收手，即使心里隐隐作痛，也能理智做主懂得"长痛不如短痛"的道理？你要知道，如何处理才能赢得眼前男人的真爱。

感情世界中的两个人如果没能最终水到渠成坚持到最后，在伤心难过之余，我们也可以学会用另一种态度面对失恋。不论是时间太长感情吸引力已经慢慢消失不见，还是分隔两地最终无法聚到一起，为了赢得眼前的爱情，你就必须得把它忘掉。

尽管各种导致分手的理由让人遗憾，但这并不是一味消沉颓废的理由。早日从失恋阴影中解脱出来，无论对自己、对周围人，还是对你眼前心仪的人来说都是一种更好的选择。

感情生活是一个恒久不变的话题，无论如何，女人要保护自己在感情生活中不受伤害。先爱自己，才能再爱其他人。

4. 施展魅力，显示个性

推销自己并非只有美貌一项，也并非只有拥有美貌的女孩才会受到异性的青睐。漂亮的外表是天生的，而高雅的气质是后天可以培养的。良好的气质是女性吸引男性的永久魅力。你要注意这样一些细节，如与男性握手时，不要太用力，应该轻柔些；走路要昂首挺胸，脚尖先着地；说话应温和、柔美；笑时不可太放肆等，这些都是表现女人味的方面。如果你能做到这些，并加以适当地推销应用，就一定能吸引男性。

5. 别让他太放心

测试对方对自己的关心程度，对你放不放心是重要的内容。在你和男友的关系到了一定程度后，就可以适当减少彼此接近的次数，或偶尔和别的朋友出去游玩，当然不能太频繁。你的准男友一旦发觉这种情况，爱你的他定会醋意大发，高度紧张起来，然后紧追你不放。

推销自己有时也需要降降温。不能一味地表白爱意，可以兴致勃勃地交流些与他无关的事情，要把放在他身上的注意力适当地转移，对身边的其他事物表现出极大的热情。结果，你所爱的男人被强烈的爱情燃烧起来了，他可能会痴痴地等电话，赶赴约会，没完没了地对你表达爱意。这样，会促使你们的感情逐渐升温。

6. 保留一点神秘感

太过坦白对增进感情并无帮助。恋人之间的吸引力来自对方的神秘感。保留一点个人的小秘密，令对方不时有新的发现，更可以巩固彼此间的感情。

此外，碰到你喜欢的男孩，女孩总是不好意思直接表白，但是总不能就这样一再等待下去，而是应该适当地掌握好追求的小技巧。比如在路边相遇，要敢于主动上前搭话，尽管交谈的内容没有几句，但有了第一次的交往，说不定就此迈出了恋爱的第一步。此外，适当地在交流中留下一些小小的悬念，保持好自己的那份神秘感，就算对方一时摸不着头脑，但至少他一定会对你留下非常深刻的印象。

7. 打消顾虑，大胆追求

面对心仪的人畏畏缩缩，只能是让你遗憾终生。只要你大胆地推销自己，即使失败，最终也会赢得成功的爱情。不要担心他是否会喜欢你，这种顾虑只会使你心神不安，错失一次次机会。推销自己，只需你大胆地拨一个电话，大胆地开口，也许问题就完全解决了。即使对方态度冷淡，也没有什么了不起。事实上，一般男人对这种敢于主动追他的女孩子都会感到很高兴，并不会让你难堪的。

面对心仪的男人,作为女人的我们必须打破矜持才能赢得爱情。幸福是靠自己来争取的,尽管不能赤裸裸地做出表白,但我们可以凭借自己的智慧和魅力创造一切机会,为推销自己赢得真爱而大胆、勇敢地去努力!

成功悟语

做个与众不同的女人只是心态问题。你无须家财万贯、倾国倾城或天纵英明才会对自己有此感受,只要有与众不同的心态,一种要散发出的自信感与光芒,它表现在你微笑的方式、语气、表情及呼吸(舒缓)、站相和步行姿态上。赢得男人的爱,巧妙地展示自己,靠智慧赢得真爱。

恰如其分的表现

通常恋爱中的男女首先被对方的优点,即闪光点所吸引,然而,最终决定双方的爱情关系能走多远的往往不是彼此的优点,而是要看双方是否能够包容对方的缺点,接受对方的不足。恋爱中如何推销自己并恰当地表现,如何处理彼此的关系,决定着彼此双方的感觉。恰如其分的推销和表现,你们的恋爱关系会稳当。

恋爱中的男女容易对更多事情产生焦虑,绝大多数都是为了更好地经营好自己的爱情。女性朋友的易怒情绪多来自于一种不安全感和不自信；身边的男同事也总是抱怨自己的女友难伺候，你浪漫了吧，他说你是情场高手，不浪漫了吧，他说你没情调。总之，左也不是右也不是。

这样看来，恋爱也并不是只要推销就能甜蜜如愿的事情，推销自己只是为我们争个印象分，要拿高分保持成绩的稳定还要靠我们更高层次的推销，那就是"有所为有所不为"，什么是该表现的，什么是该收敛的，只有弄清楚了，爱情才能稳固。

1920年，上尉戴高乐在巴黎参加一次舞会，他邀请旺杜洛小姐跳舞。在跳舞时，戴高乐对旺杜洛小姐说："非常有幸认识你，我非常荣幸，是一种莫名其妙的荣幸……"这番话让旺杜洛小姐的心扉大开，她激动地说："不会吧，上尉先生，我不知道还有比你的话更动听的语言，比此刻的时光更美丽的时光……"他们一边跳着舞，一边倾诉着，当跳完第几支舞曲时，他们已经山盟海誓，定下终身了。

这个故事中说明了两人的感情发展到一定程度，就要抓住时机，向你心仪的人表达爱意，恋人为了避免直露的生硬，常常使用恰如其分且智慧的语言，使得求爱的方式别致新颖，富有感染力。

马克思年轻时追求燕妮的时候，浪漫地表白爱情成为一个成功的典范。在一次约会中，马克思显得满脸愁云，他说："燕妮，我已经爱上了一个姑娘，决定向她表白爱情，不知她同意不同意。"燕妮一直暗恋着马克思，此时不禁大吃一惊："你真的爱她吗？""是的，我爱她，我们相识已经很久了。"马克思接着说："她是我

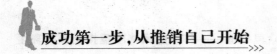

碰到的姑娘中最好的一个，我会从心底里爱她的！""这里还有她的照片，你愿意看吗？"说着递给燕妮一个精致的小木匣。燕妮接过木匣，用颤抖的手打开后立刻惊呆了——原来里面放着一面镜子，"照片"就是她自己！即刻，一股热流涌上心头，燕妮沉浸在幸福和甜蜜之中，最终接受了马克思的爱意。

这样，马克思既做了聪明的试探，故意制造紧张气氛，让深爱着他的燕妮在惊讶中先是失落，在这过程中马克思察觉到燕妮痛楚、失落的表情，又及时诱导她揭开悬念，原来匣子中的照片就是自己，马克思用浪漫的方式表达了爱意。经营美好的爱情，以下几条建议对你相当重要。

1. 恋爱中要相互尊重

恋爱中只有相互体贴和尊重，恋爱才是幸福和愉悦的。当你爱上了你心仪的人，要记得不要让他在你的门口等待太久，因为任何人的耐心都是有限的，不要以为对方喜欢你就可以毫无怨言地为你白白浪费几个小时的等待时间；如果你不爱对方，那么请早点告诉他，不要让他再为你耗费自己的青春、感情还有金钱；更不要把他的追求当成是自己炫耀的资本，朋友，为了保持你的形象，请你早点拒绝他。

在双方朋友面前不要表现得像一个霸王一样，男生总是爱面子的，女生也有独立权利，在外人面前多给对方一点面子也没有什么不好的，更何况他是你的恋人，而且自己也能落个大度的美誉。

2. "诚实"与爱情美德的权衡

有这样的境况，女人们抱怨某些男人虚伪、不诚实，认为他们怕给自己惹麻烦而将私生活守口如瓶，却对他们过去的故事充满兴趣极力打探，同时也忽略了最重要的爱情美德其实也就是守口如瓶，为守口如瓶往往不惜被迫说谎。当女人一再逼问，男人沉默不语只能让她疯狂，于是，他会说我只爱你一人，我跟别人绝对没有什么，请相信我的清白。无论事实如何，都请对男人们这些温情美好的话语心存感激。没有人以说谎为乐，更何况说一次谎容易，说一辈子谎很难。他说谎，除了本能的自我保护，更是本能的不想伤害他人，因为不想失去，或者即使一定要失去，也不要让彼此太难堪，更不想为今后的生活增添不必要的阴影。

3. 更多地以"本我"出现

当你谈恋爱时，不要把自己限制在谈恋爱的理论框架内，不要按照自己的教育背景或社会地位定位自己，也不要考虑自己现在的年龄是大是小，而是积极地还原自己"少男、少女"的定位，允许自己提一些幼稚的问题，允许自己做出一些冲动的行为。

4. 谈恋爱不是谈工作

当人们约会谈恋爱时，通常都知道此行的目的是谈恋爱。但是，所谈的内容却往往与名称大相径庭。在谈恋爱时大谈工作，大谈学术问题，大谈社会问题者不乏其人。之所以这么做的原因通常都是为了掩饰自己的紧张心情。这种头儿一开，双方往往会因为对一些问题的看法不一致而对对方没有好感，导致还没完全开谈就草草收场了。其实，谈恋爱是一个春心互扰，眉来眼去的"以情勾魂"的过程，以正襟危坐的方式谈恋爱的人通常都不会有一个很甜蜜的婚姻生活。

5. 不要摆架子

许多人，特别是一些高级知识分子和具有一定社会地位的人，

喜欢把自己的教育背景或社会地位作为一种筹码放入谈恋爱中。一些有关此类问题的心理学研究表明，这种办法并非没有效果，但是却会给双方感情的真挚程度埋下不小的隐患。要懂得，恋爱是在爱恋一个人，而不是其教育背景或社会地位。

成功悟语

谈恋爱是要付出真诚的，更要妥善地处理好双方的关系，照顾好双方的感受，只有彼此形成默契，在一起时可以擦出愉悦的火花，恋爱的经营才会长久。尊重、沟通、信任、包容、责任等，都是恋爱中人的必修课，只有在开始的时候打好了基础，恋爱过程才会更加圆满。

赢得浪漫

赢得浪漫和对方的感动，你的推销计划也就成功了一多半。然而浪漫不只是扎眼的玫瑰花和绚丽的烟花，还来自于恋人间暖暖的关心和呵护，是那种替人分忧、代人受过的情怀和付出精神。用真心付诸行动，才更能赢得对方的真心。恋人间心心相印，爱情才会恒久长远。推销自己并赢得感动，是恋爱中赢得对方喜欢的重要一环，大胆地推销自己，是迈向成功的必要步骤。

恋爱中的人，只要是在意中人的面前就紧张，无法将纯真坦诚的心意传达给对方。若你是这种害羞的人，不妨用写信、寄明信片之类的方式来展示自己。也许你会觉得，"写信太麻烦，又老套，况且我的字写得难看。"事实上，写什么和写得好不好，并不是最重要的，只要你将你的诚意融进信件内容里，给对方留下深刻印象，甚至赢得感动，你的另类推销计划也就大功告成了。那么，恋爱中，我们有何办法赢得感动呢？以下建议希望对你有所启发。

亚丹和她男朋友的感情很好，她评价她男朋友是这样的：他温柔体贴，有责任心，也懂得浪漫，最主要的还是他能洞察我的心理，知道什么时候我生气了该说什么话，他给我的感觉是从追求我到现在这段时间里是越来越好。大学那会儿，他会在我生气时，晚上 10 点坐两个小时车从别的城市赶来跟我道歉，会在来看我时偷摘一朵月季花送我，然后说被抓住的话要我负责，会在路上买一朵玫瑰花然后忽然放在我眼前，说是路边刚捡的，也会拿着一箱牛奶从外地过来看我，说好沉的，请我吃饭吧！会牵着我的手陪我逛街，走很多路，然后一路疯，会亲我的脸颊，遇到雨天或泥泞地，或遇到我走不动了，他会在路上毫不犹豫地背我……每次我去他那儿，他都会提前到车站接我，骑个单车并帮我买好奶茶，如果来看我，有时也会偷偷地先买好我爱吃的巧克力，然后给我惊喜，太多，太多了……虽然没什么钱，但是一块钱也可以很浪漫的话在他身上就能得到验证。因为他总是可以让我很开心，很容易就把我逗乐，只要我生气了，不管谁对谁错，肯定都是他认错，他说过："只要不涉及原则问题，我是男人，应该我来道歉，不会跟你计较的。"而且什么事情我觉得他做得不好的，只要和他说一次，下次他肯定就会做得很好。他说过：有了我就有了他开心的全部理由。

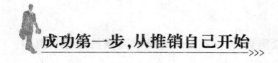
他做到了，这是让我最感动的。

上面的故事更像是一位幸福的小女生讲述她和他之间的浪漫故事，浪漫来自于爱的心灵，来自于生活的点点滴滴，来自于对爱情的执著守护和对爱人的关心。浪漫不在于奢侈铺张，而是在于用丰富的创意，为爱人赢得惊喜，加深彼此的感情，那么，恋爱中的你如何推销自己呢？

1. 细微之处的体贴

恋爱中的自我推销要讲实际行动，尤其是对爱人的体贴，忘了对爱人表示体贴的人，就无法继续成为恋人。

体贴表现在关心爱护你的恋人，为对方的事情多一些考虑。体贴并不表示就要百依百顺、有求必应，不是没有主见。百依百顺、有求必应是一种被动的、没有脾气的接受，与此相反，体贴是一种对恋人主动的给予，它可以让恋人感受到你来自心底的深情。

有一位女孩，虽然不乏众多仰慕者，可她只对一位男子情有独钟。探究原因，原来是每次约会后，他送她上车并不马上就转身回去，而是一直站在车旁等汽车开走，直到车子逐渐看不到为止，他总是痴情地挥手。她原本对这些事并不知情，一次偶然的回头，痴痴挥手的男友映入眼帘，那一刻的心灵震动，使他们的感情又加深了许多。

2. 来点小情调的恶作剧

恶作剧不一定就是带给人麻烦，它也会为你赢得感动。当你爱恋某人时，首先考虑的问题便是如何将你的想法传达给对方。但这个想法并非正确，比起这件事更重要的是如何让自己在芸芸众生中脱颖而出。在这里，对待对方仅有温柔不一定能使你显得出色。尤其是面貌、性格、外形看起来平凡的你，要在他的心中变成特别的存在，则不得不下决心为推销自己做一番奋战。

利用一个小孩子的方法，对你爱恋的人作点恶作剧。就像小学里的小男孩，心中明明很喜欢某个女孩子，却偏偏做出表面上欺负该女生的事，最后成为了好朋友。当然，恶作剧时，不可做出有损对方前途的原则性事情，而应在一些非原则性问题上故意让对方洋相出尽。例如，对方拜托的工作故意拖延一段时间；对其他人都友好相待，而对你爱恋的人却不理不睬。这样，就会吸引他对你的注意。这时，你便可找机会，在他面前露一手，对方便会对你另眼相看。

3. 适当寻求"保护"

寻求保护在自我推销的宝典里男女通用，聪明的女孩经常在心仪的男生面前寻得了长久的"保护"。例如一个女孩很擅长游泳，但她却假装不会游泳对男友说："我虽然喜欢浪花，可是我一个人游泳，还是很害怕的。"适当寻求男人的"保护"，彼此感情无形中得到深化，不失为一种制造浪漫、赢得感动的良方。

4. 有意制造点麻烦

推销自己要有意制造点机遇，给自己留点表现的机会。比如大家一道外出结伴同游，你故意滑倒或跌上一跤，正好发生在离对方不远的地方，势必引起他的注意，再加上你那痛苦的神态，对方势必向你迅速地跑来。他的嘘寒问暖和着急不安，会令你暗中幸福。当然，这种机遇尽量少安排为宜，毕竟，知晓爱人的诚心最重要。

5. 为对方制造一两个惊喜

恋爱中充满了新奇，给对方一个惊喜，不失为推销自我的良方。恋人间在内心里有了那种朦胧向往的意识，且希望引起对方的注意。两人相识之后,你为对方制造一两个惊喜,绝对是自我推销的窍门。比如你说:"喂!我就知道你是乒坛新星,昨天你的乒乓球打得好棒哟!"对方听过之后,一定会大吃一惊。心想:"你怎么会知道?"接着你又谈起他以前的几次比赛,给以真诚的夸奖。那么,他的内心能不对你越来越重视吗?

你可在特别的日子里,如生日、节假日,给爱人寄一张精美的贺卡或明信片,附上几句精心构思的话。还可以根据对方的特点,采用不同的表达爱意的写信方式。例如,对喜欢歌曲的她,在信纸里附上一张明星演唱会的入场券;对喜欢看书的他,信里可约他一起逛书市,或赠送他几本书。写信尽管很费时,但越是用心书写越能表现你的慎重,对方只要读你的信便能被你真诚的心情所感动,会获得电话沟通难以取得的效果。

恋人间如何制造一两个惊喜?这就在于你平时的观察和了解了。比如,你发现他的身体有些不适,或者脸色有些不好,就应表示关心,"你身体是不是有些不爽?或者感冒了?"如果他是真的感冒了,你就该乘机为他买些感冒药,你的举动会让对方感觉你是格外的亲近。

恋人间制造浪漫、赢得感动,这是开展爱情的润滑剂,也是推销自己的绝妙良方。爱情是甜蜜长久的,在一起的恋人也是聪慧开朗的,只要你有意无意地给对方一些意料之外的甜蜜,既展现了你的魅力,又加深了感情,何乐而不为呢!

成功悟语

对于恋爱中的人来说,追求自己所爱的过程,会让他的人生受益无穷。佛说：前世五百次的回眸，才换来今生的擦肩而过。不知道前世的你们向佛祖祈求了几千年才换来今生的相遇、相识、相知与相爱，所以要珍惜恋人之间的所有。

找到真爱，把"我的"说成"我们的"

对异性的一种欣赏是喜欢，彼此了解心意的是相知，能够在一起的是相伴，白头到老的是相随，直到生命的尽头仍有着如一的情感的是爱情，能一辈子坚守着这份爱的，才是真爱。积极地找寻自己的爱情，只要你加油，就会遇到真正的爱情的！

有的人大喊着要爱情，要坚定不移的爱，可只是在那里叫喊，还带着那流不完的眼泪。你不去行动，你不去争取，谁又能帮你？谁又能为你找到真正的爱情呢？

真爱意味着两个人彼此相爱。和他没在一起的时候会想他，和他在一起的时候也会想他，而他也是每时每刻都在想着你。两个人在一起的时候，有很多的话对彼此说。偶尔两个人也会静静地待着，一起散散步，一起逛街等，彼此都能包容对方的缺点，偶尔也会小吵一番等，这就是所谓的爱情。爱情是每个人都想得到的，可爱情也不会不请自来，那是要经过考验看你在恋爱初期是否表现得漂亮，如果你全力以赴表现漂亮，那你所要的爱情就是你的。

找到自己的爱情，首先是自己要表现出色，给对方留下好的印象；也可以在对方遇到困难的时候，冲锋陷阵把它当做自己的事情来做，给对方留下仗义大方的印象；或者是一定要把对方的家长当做自己的家长，起码要让对方家长认为你很孝顺等，这样的表现和为人，不愁找不到爱情。

有人这样认为：我的条件太差，没有人会爱上我，其实不是那么回事。张小五个子只有 1.58 米，而他的爱人却有 1.67 米。这说明什么，说明只要你努力，只要你去争取，幸福的爱情就一定会属于你。

张小五穿上鞋也才 1.60 米，当初他也是看上了对方才去争取的。别人的条件都比张小五的条件好，为什么小杨却选择了张小五？那正是因为张小五的努力，和他那出色的表现力，才赢得了对方的爱慕。对方父母一开始不同意他们的婚事，可经过他们俩的努力还是接受了张小五。

张小五夫妇在那厕所之上改建的房子里一住就是八年。天寒地冻那房间的四面都是冰霜，凭着爱情的信任和力量一起走过了那段路程。这美好的姻缘，主要是因为张小五表现得漂亮，赢得了爱人的芳心，所以才会顺利走过那段艰难困苦的岁月。

这个故事里，给我们树立了一位寻找到真爱的典范，男主人公本身其貌不扬，但却执著进取，最终成功地赢得了爱情。如果有人从来没有为自己的爱，去真心付出过，去真心争取过，那就不会得到应有的爱情。有的人只会在原地埋怨，责怪一切都是别人的错，从来没有想过自己的过错。即使想了也是欠缺的，大多数时间都是在埋怨别人。

恋爱也是一门学问。正在或者将要加入"恋爱者"队伍的青年人，如果能够掌握下列特点，将有助于你少走弯路，较快地得到心上人的爱情。

1. 门当户对

冷静地衡量一下，你与对象之间种种客观条件综合比较后相差不大的就谈下去，反之及早退出为妙。图高攀，不切实际的选择，那是十有八九要失败的。

2. 大胆表露

推销自己在于大胆表露，当你对心仪的人已经产生了爱慕之情，并觉察到对方也有此心时，就应该及早鼓起勇气，大胆而巧妙地向对方表露心意，这是推销自我恋爱成功的关键。有的青年男女彼此早已钟情，只因迟迟没有公开表白，结果让对方长期不敢肯定你的真情，一旦时间长久节外生枝，便会让双方抱憾终生。

3. 掌握时机

时机成熟，推销才会事半功倍。尽管谈恋爱要正直、诚实，但我们不能机械地理解"正直、诚实"的含义，在双方基础不扎实的时候，不宜过早地向你的心上人公开你的某些缺点和无关紧要的不足之处。实践证明，恋爱之初就袒露自己的优点或者缺点的人很少有不告吹的。因此，透露自己的缺点毛病要掌握时机。

4. 适度分离

常言道，距离产生美。推销自己也不是一味地前进，也可以以退为进获取成功。恋人接触越多，感情会越深，这是老思维。频繁约会，每次又必到夜半尽兴而散。然而，适度地分离更能加深彼此的爱恋，"小别胜新婚"说的就是这个道理。在爱人面前推销自己，你可以这样做。把约会安排得少一些，或者是在谈兴正浓时说有事先走一步；在依依惜别时毅然告别。这样，就巧妙地给对方留下深深的眷恋和隽永的回味，为你打牢了爱情的根基。

5. 学一点幽默感

幽默是推销自我时能产生奇妙效果的方式。恋人交往中，你一句幽默风趣的话语，将大大有助于感情的升华。恋人间的情话绵绵中，突然冒出一句幽默风趣的俏皮话，你会因此觉得对方格外的风趣可亲。幽默的力量会让爱情更加牢固，日后即使出现矛盾，你还往往会因为对方曾经讲过让你想起来就会发笑的俏皮话，而舍不得离开呢。因此，美好的爱情记忆需要用幽默加点料。

恋爱成功的人都有个共同点，那就是相信爱情、追求爱情，同时还应该重视爱情、相信爱情，努力寻找不怕失败。很多成功的恋爱故事告诉我们，爱情会令人勇敢，但也只有勇敢的人才能收获爱情。同时，在这个快节奏的时代，对爱情我们还要付出多一点的真诚，才能获得美好的姻缘。也希望所有的人都能通过真诚打动自己的心仪对象，找到属于自己的纯美爱情。

在恋爱中真正懂得推销自己的人，他的做法让人不得不佩服。有的人他嘴上不用说什么，一个眼神能让你读懂他的内心，他流露出来的情感，他爱你的心情，他给你的感觉，不需要言语，就一个表情也能让你心醉，这是由推销自我到真正相爱的感觉。

成功惛语

能用心去推销自己，首先要相信他，理解他，自然他也会处处为你着想，能在你需要的时候给你安慰，在你失落的时候陪你伤心，在你感性时陪你失落，在你开心时陪你欢笑，在你浪漫时给你依靠，在你离开时为你牵挂，不管你走到哪里，都相信你的心里只有他。

将爱情进行到底

正是因为当年成功推销自己的正确方案，使两个人之间的感情更加牢固，也正是因为当年的那份彼此信任才能够让两个人相依相伴走到现在，并下定决定让这份真挚的感情长长久久地延续下去，坚持到生命结束的那一天。爱情是一种神奇物种，它最终会升华为混合了亲情的难以名状的微妙感情，所以，将爱情进行到底！

"将爱情进行到底"不是口号，而是行动。茫茫人海中，我们找到了自己深爱的那个人，而那个人同样深爱着我们，这是一件多么温馨幸福的事情。这个时候的我们，就如同生活在童话世界里，你是公主，而我是王子。因为爱，我们很容易忘了自己的角色，有时还会把自己想象成某部感人的电影情节里的男女主角，仿佛有了爱，就拥有了一切。可是，现实里男女双方究竟适不适合？有没有做好一起走下去的准备？如要结婚能否搬走前面的绊脚石？也是影响你爱情之路所要考虑的因素。

这种相似的经历发生在年轻一代的我们身上，已经不足为奇了。我们不得不承认，尚未成功的我们，相对来说更为自我，不肯轻易为爱情牺牲放弃，因此，很多人都经历过与恋人之间长时间的分离，也有着对于房子以及未来的烦恼。只是有些人，很好地解决了现实问题，成功地将爱情进行到底。而更多人，耗费了青春，最后还是让爱情半途而废了。但是我们不要忘记时刻要推销自我的分量，你可以告诉对方，虽然我们现在没有房子没有车，但是以后经过我们的努力，和自己能力的提升，一切都不会仅仅停留在梦想中，只要我们彼此信任，将来一定会幸福，而我们会得到得更多。也许就能让对方回心转意，成全你们的爱情。写到这儿，我想到这样一则故事。

一位毕业两年的女大学生，长得小家碧玉，活像个洋娃娃，非常可爱。一到工作单位，马上引来了很多男青年的注目，同事们也非常热心地给她介绍对象。而最后她却婉拒了大家的好意和一些男青年的追求，选择了一个在同一单位从事后勤工作的复转军人。后者既没有学历也没有什么职权，但是人很正直、朴实、善良。

当时，周围的人都不看好他们的恋爱关系。但是他们顶着家人、朋友和社会的种种压力，终于走进了婚姻殿堂。后来他们的孩子都两三岁了，别人还不理解。一次，有位大姐问她："你对自己的选择是否后悔？"她说："我一点都不后悔，感情是一种内心的感受，而不是外在条件的对比。当初，我没有选择外在条件更优秀的人，而是选择了最适合做我丈夫的人。首先我丈夫的人品非常好，其次他很爱我。我自己的生活能力比较差，特别喜欢读书，还准备考研究生。他就用心照顾我，让我没有顾虑安心学习，给了我各方面的理解、关爱和支持。我们现在生活得挺幸福。我丈夫也非常上进，婚后在各方面也取得很大的进步。试想，当初若没有他的真诚和爱心打动我，幸福也就不一定在婚后的生活中出现了。"

从这则故事来看，选择恋人及婚姻，合适不合适只有自己知道。选择什么样的人将爱情进行到底，是没有什么特定条件的，并不是看上去优秀的人就一定值得去爱。寻找最适合自己的人，才是最有智慧的选择。

很久以前的某一天，一个男孩对一个女孩说："如果我只有一碗粥，我会把一半给我的母亲，另一半给你。"小女孩喜欢上了小男孩。那一年他 12 岁，她 10 岁。

过了 10 年，他们村子被洪水淹没了，他不停地救人，有老人，有孩子，有认识的，有不认识的，唯独没有亲自去救她。当她被别人救出后，有人问他："你既然喜欢她，为什么不救她？"他轻轻地说："正是因为我爱她，我才先去救别人。她死了，我也不会独活。"于是他们在那一年结了婚。那一年他 22 岁，她 20 岁。

后来，全国闹饥荒，他们同样穷得揭不开锅，最后只剩下一点点面了，做了一碗汤面。他舍不得吃，让她吃；她舍不得吃，让他吃！三天后，那碗汤面发霉了。当时，他 42 岁，她 40 岁！

许多年过去了，他和她为了锻炼身体一起学习气功。这时他们调到了城里，每天早上乘公共汽车去市中心的公园，当一个年轻人给他们让座时，他们都不愿坐下而让对方站着。于是两人靠在一起手里抓着扶手，脸上都带着满足的微笑，车上的人竟不由自主地全都站了起来。那一年，他 72 岁，她 70 岁。她说："10 年后如果我们都已死了，我一定变成他，他一定变成我，然后他再来喝我送他的半碗粥！"

这个故事令人感动,当年的一句承诺坚持了一辈子,让对方相信了一辈子,这是多么幸福的事情,试想如果那个男孩当初没有这样直白而浪漫地向自己的爱人推销自己,也许他们这一辈子不会过得那么幸福而充满温暖了。你要找寻的幸福不是惊世骇俗的追求手段,也不是轰轰烈烈的爱情绝唱。真正的幸福其实很简单,就是两个人相濡以沫,平平淡淡一起历经人生起伏,始终不离不弃共度流年。每天早晨醒来睁开眼看到爱人在旁边一脸微笑地面对你或仍然平稳有序地打鼾,这难道不是最大的幸福吗?

要将爱情进行到底,我们就应该提前做好准备,想好对策,一起解决现实的困难,再让自己进入童话世界,享受爱情的甜蜜。

成功悟语

美满婚姻需要双方用心经营,用蜜语浇灌,用行动证明。婚姻历程是条险途,如果你无法了解对方,又记不住对方所好,你们最后必然走向漠视的歧途,成为真正的冤家。一个人,必须属于他自己,也应该属于他的爱人。这样的人,才是个完美的人,也是个幸福的人。

第八章

操之在我
——身价提升修炼术

商业社会，竞争时代，实力是本，表现是末，渴望成功的我们除了推销自我还需要打牢自己的实力。人在社会中立足，不能光靠那种与众不同的作风招人眼目了。我们的筹码多不胜数，表层的衣着、表情、风格气质，内在的好品格、好习惯、优良的情商、才华学问、环境、运气等，哪一样做得到位，都能为成功加分。锻造实力的目的，就是整合自身的资源，积极地推销我们的优点和长处，以期待实现最大化的个人价值。

营建个人关系网,永葆交际活力

我们生活里有各种各样的圈子,如果你想要从圈子里获得更多的助力,就需要进行广泛的接触,营建好个人关系网,永葆交际的活力。常听到这样的抱怨,我渴望成功,创造一番事业,但没有合适的主攻方向,缺乏资金、技术等力量。其实,庞大的资源往往就在身边,那就是你的个人关系网。只要善于把握、营造、培植你的关系网,就能聚集人气、铸造人望,有了这样的助力,一切问题皆迎刃而解,何愁大事不成?

有位名人曾说,生活中需留心观察,否则有许多朋友就会错失掉。如果你是一位营建人际关系网的高手,处世泰然、举止文雅、彬彬有礼而又乐观豁达,又善于推销自我,那么,一定会有熟人愿意为你提供帮助。

你要想知道你今天究竟有多大价值,你就找出身边最要好的6个朋友,他们收入的平均值,就是你应该获得的收入。

建立人际关系网的原则是:互惠、分享、信赖。人的关系都是相互的,所谓赠人玫瑰手留余香就是这个道理,如果我们只想拥有而不想给予,那将是一个自私的人,而自私的人是不会拥有真正的朋友的。分享是一种最好的建立人脉网的方式,你分享得越多,你得到的也就越多。世界上有两种东西是越分享越多的——智慧、力量。你愿意与别人分享，有一种愿意付出的心态，别人会觉得你是一个正直、诚恳的人，别人就愿意与你做朋友。

中国台湾的益登科技企业从毫无名望迅速跻身为台湾地区第二大 IC 渠道商，企业的成功之处在于总经理曾禹旂十分重视发展和维护人脉，利用人脉来生财。在老朋友们心目中，曾禹旂论聪明和能力，在同辈中都算不上是顶尖，但他重视人脉的培养，更愿意与别人分享利益。他的仗义赢得了代理 NVIDIA（全球绘图芯片龙头厂商）的产品的权利，事业得到迅速扩大，因此才能在 6 年的时间内赤手空拳打拼出一家市值逾 80 亿新台币的公司。

这个故事很振奋人心，说明了人脉竞争力在一个人的成就里扮演着重要的角色。你可以白手起家，但不能手无寸铁，我们手里的资源除了资金就是人脉了，任何时候均不能忽视人的作用，和人脉对你事业的影响程度。

寇克·道格拉斯是美国著名的影星，他年轻时也曾十分落魄潦倒，做过多种职业依然仅够温饱，但他从事演艺事业确是从一位贵人的提携开始的。他偶然一次搭火车时，无意中与旁边的一位女士搭话，结果该女士恰巧是好莱坞的知名制片人，这次聊天成为他人生的转折点。寇克·道格拉斯自认为是遇到了伯乐，让他最终美梦成真。

故事再次向我们说明了人脉的重要性。但我们还是不禁要问，是什么改变了这位美国青年的命运？毫无疑问的是他遇到了"贵人"，其实，"贵人"无处不在，不要轻视任何一个人，也不要疏忽任何一个可以助人的机会，学习对每一个人都热情以待，学习把每一件事都做到完善，学习对每一个机会都充满感激，那么，我们就是自己最重要的贵人。

观察那些成功的人，有些固然是才华横溢的人，但更多的还是朋友遍天下行走可借力的人，他们善于挖掘人脉潜力、聚拢无穷人气、成就非凡人望，从而事业有成获得成功。如果你能善于处理人际关系，并把它成功地开发成产业；如果你想永葆交际活力，营建好个人关系网，下面的方法你必须要掌握。

1. 慷慨乐观交朋友

美国有句民谚说，20 岁靠体力赚钱，30 岁靠脑力赚钱，40 岁以后则靠交情赚钱。因此，成功的人必定是个交际圈很广的人。那些交际达人为寻找人脉会主动出击，找到想认识的人就想尽办法去推销自己，结识后当做自己的好朋友慷慨对待。

2. 放低姿态增人望

放低姿态即让我们学会仔细倾听别人的话，更学会"忖度他人之心"，理解朋友言行的原因和立场，尊重他们的社交习惯。尽量体谅他们，这样既能学习他们的优点，也能让朋友感到自己被尊重和理解。

放低姿态同时要求人千万不要怀着一份过于势利的短浅眼光经营人脉，别人现在富贵，出金入银，就一副小人嘴脸伺候着，别人现在是个潦倒的小人物就忽视、轻视、鄙视之。

3. 困苦不离见真情

一位朋友生病住院时半天就有两百多位朋友来探望。事后他说，当时的重病让他痛不欲生，几乎送命，醒来看到身边尽是泪流满面的朋友，顿时感觉真心朋友关心自己，生活很有意义。

那怎样才能交到至交的朋友呢？不妨在他们平时健康平安的时候和他们交好，在他们困难的时候关心帮助他们。危机时刻建立的人脉最牢固，而且会为你赢得好口碑。

4. 网上亮相聚人脉

科技的发达，让人际网络的往来变得多元而复杂。网络上一天所认识的朋友，可能比过去现实生活中一年所认识的还多。网络交友已经成为时尚和流行，也是不错的"从虚拟变现实朋友"的渠道。

所以在这个时代，如果还死抱老想法，不屑于网络上的人脉，你就会跟不上成功的节奏。

5. 名片管理常保鲜

世界第一的推销员乔·吉拉德在中国台湾演讲时把他的西装打开来，至少撒出了三千张名片在现场。他说："各位，这就是我成为世界第一名推销员的秘诀，演讲结束。"然后他就下场了。

由此看来，我们可以多参加一些社交活动，每天换到的名片要立即在背面批注，包括相遇地点、介绍人、兴趣特征，以及交谈时所聊到的问题等，越翔实越好，然后于建立"新联络人"时，将这些讯息打在备注栏里，以后只要用"搜寻"功能，便能将同性质的人找出来。

人们常说30岁靠勤奋赚钱，40岁就靠人脉赚钱了，推销自己也一样，你的人脉广阔了，通过老朋友可以认识新的朋友，随着我们交际圈的扩大，各种有利于成功的信息也会到达我们周围，你离

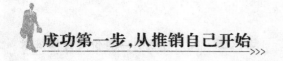
成功也就咫尺之遥了。推销自我跟扩大人脉圈有力结合,你就能发现世界的广阔,品味成功的快乐。

成功悟语

寻找并且建立自己的价值,然后把自己的价值传递给身边的朋友,并且促成更多信息和价值的交流,这就是建立强有力的人脉关系的基本逻辑。与其他人交换人脉扩大你朋友圈的最有效的方法就是把你的圈子与别人的圈子相连。

锤炼什么场合都能聊得来的能力

"交谈"是人与人之间传递信息情感、增进彼此了解和友谊的一种工具,但是在各种场合,把话说好却不是一件容易的事情。你应该培养和提高自己的交谈技巧。一个好的话题、一句幽默的话语、一个肯定的赞扬,都会让你身价倍增、人气飙升!

在我们的生活中,一个人的口才一直是决定他生活及事业优劣成败的重要因素。我们从一个人每天所说的话,就可以判定他每天的工作生活情况。一个人每天的喜怒哀乐,往往由其言语来决定。一生成败于口才的人很多。口才好,说话流利会被人欣赏,但有才干兼有口才的人,他的成功希望更大。因为你的才干可以通过言语谈吐充分地表露出来，使对方更深一层地了解你，这样对方才敢把重任托付于你。而一个有学问而没有口才的人和人交往时，就有点难以应付，同时在无形中损失了不少的收获。

渴望成功的人，不可避免要投入到各种社交场合之中，要想在其中游刃有余地推销自我，就必须锤炼什么场合都能聊得来的能力。在繁忙的人事接触中，你的言语能让你在别人心里留下印象，蕴涵着非常多的机遇。一个受人欢迎的说话者有着一种不可思议的力量，可以影响周围气氛的松弛与紧张。

希拉里在读中学时，就有雄心想当美国首位女总统。2008 年，她果然站在了美国总统竞选者的行列，被公认为是口才最佳的美国总统候选人之一。尽管后来她无缘宝座，却被当选总统提名为美国国务卿。

13 岁的时候，希拉里在老师的带领下聆听马丁·路德·金的一场演讲。她深深地为马丁·路德·金的激情所感染，并在老师的介绍下，与这位民权运动领袖握了手，这段经历使得希拉里成为马丁的崇拜者，也使她认识到了演讲的巨大魅力。从此，她就下定决心要做一名口才卓著的政治家。

怎样才能使自己有口才呢？希拉里经过深入思考认识到：口才的实践性很强，正如"只有在战争中才能更快地学会打仗"一样，过人的口才，也只有多多实践，才能更快拥有。于是，她采用了"课堂内外，双管齐下"的方法来锻炼口才。

课堂内，她抓住老师安排的课堂讨论的机会，积极与自己的同学们进行讨论。她积极思考，很善于提出一些有争议性和启发性的问题，让同学们乐于和她争辩、讨论。此外，她还专门组织一些兴趣相投的同学，组建了一个讨论小组，从国家大事到日常生活，从科学技术到音乐艺术，都是他们讨论的话题，这样，在言语的"交锋"中，她的口才有了很大提高。

希拉里明白，比剑要找高手，弄斧要到班门。只有与比自己水平高的人多讨论，才能进步得更快，所以，她不满足于只是与自己水平相差不大的同学们进行讨论。每天下午放学后，她总是乐此不疲地去老师办公室，谈她的种种想法。在老师的引导下，她接触到了很多新的思想观念，同时，老师还不断向她介绍一些有用的书籍，要求她读完后再一起讨论，而希拉里也总能按时完成老师布置的阅读任务，并积极思考，列出自己不懂的问题，及时找老师讨论，解疑释惑。多年以后，希拉里在一次采访中回忆老师时说道："他是改变自己一生的导师，每次讨论完之后，他都会向我提出另一个任务，期望以后好好讨论讨论它。而每一次的讨论不仅提高了我的认识，也使我的口才有了飞速进步。"

口才助人成功，希拉里练就的口才，不断为她的人生增光添彩，她不仅成功当选国会参议员，协助自己的丈夫克林顿连任两届总统，而且成为美国国务卿。

上述故事告诉我们，与人交谈的能力是有意识地锤炼出来的，你在思考、你在讨论、你在沉淀，你的学识在增长，交谈水平也随着增长。下面介绍一些提升交谈水平的技巧，希望对你有用。

有的时候良好的表达能力能够帮助你更好地推销自己，让更多的人了解自己，让更多的人认同自己，当你做到这一切的时候就会发现，原来自己发展之路还可以如此宽阔远大，自己还有那么强大的能力可以主宰自己的现在，经营自己的明天。

1. 选择好的话题

选择话题，要注意是你擅长的话题，尤其是交谈对象有研究、有兴趣的话题。与你刚认识的人在一起谈话或与你不认识的人交谈，最好的办法是从一个话题到另一个话题试着说，如果某个题目不行，再试下一个。或者轮到你讲话时可讲述你曾经做过的事情或想过的事情，修整花园、计划旅行或其他我们已经谈过的话题。不要对片刻的沉默慌张，让它过去即可。谈话不是竞赛，像跑步一样拼命地冲到终点。

你还可以向对方提问，从他的回答中你可以期望开始话题。他可能会问你住在哪儿、从事什么职业等。非常简单，但要注意给他说话的机会。

2. 巧妙地提问

交谈中，要积极引导对方加入交谈。问话的方式很重要，提问的角度不同，引起对方的反应也不同，得到的回答也就不同。

在交流过程中，对方可能会因为你的问话而感到压力和烦躁不安。这主要是由于提问者问题不明确，或者给对方以压迫感、威胁感。这就是问话的策略性没有掌握好。

同时，在提问时，要注意不要夹杂着含糊的暗示。避免提出问题本身使你陷入不利的境地。例如，当你提出议案，对方还没有接受时，如果问"那你们还要求什么呢?"这种问话，实际上是为对方讲条件，必然会使己方陷入被动，是应绝对避免的。

3. 插话有道

聪明人善于接住他人的话茬，借题发挥、上承下转、巧妙应对，很好地触动他人的心弦，使一些悬而未决的问题终于得到解决。

当你有一个想法时,要不带个人色彩,针对整个团体来发问。如果你觉得自己可能有一个很好的观点,但是你对此还不够自信,你可以这样说:"我们是否考虑过……要让小李直接加入到活动中来?"

当你要表示异议时,首先要找到对方提议的不足和瑕疵。如果讨论正朝着你不赞同的方向发展,要保持缄默似乎是很难做到的。当然,如果你有一些相反的意见,你有权利来提出你的想法;关键是,你要掌握发表自己看法的技巧,避免自己听起来像个笨蛋。当然,插话还可以从安慰式、疏导式、推测式等方面入手。

4. 能捧场就不要拆台

在交际场合中,一些严肃、敏感的问题让交谈双方很对立,甚至阻碍交谈顺利进行,我们可以回避一下,适当地转移话题,制造轻松的气氛;对于一些怪异的话语,我们也可以善意曲解,化干戈为玉帛;有时候我们表达碍于面子,怕把握不准,你也可以用假设句去表达。捧场能为你赢得更多的人缘。

锤炼什么场合都能聊得来的能力对于推销自我大有裨益,不同的场合之下,各色人等均能通过你出色的言谈认识你、了解你,进而对你产生欣赏和默契的感觉,人脉自然形成。推销自己也达到了预期的效果,成功的机遇就蕴藏于其中。

成功悟语

俗话说"一把钥匙开一把锁""秀才遇见兵、有理说不清",我们在与人说话交流时,一定要根据对方的身份,用不同的说话策略，这样你才能在交际场合成为一个受欢迎的人。在各种场合都能聊得来的人，自身幽默、有知识、有修养，这将有助于他提升到一个更高的高度。

学会对竞争者微笑

要成功就不得不面对竞争，每天都存在着激烈的竞争，尽管很多人都声称"共赢定天下"，但是面对每一天你来我往的挑战，我们仍然需要沉着冷静，勇往直前。竞争不是坏事，没有竞争你就不会脱颖而出取得成功，但是竞争又是残酷的，没有人知道下一个被淘汰的人是谁。究竟该何去何从呢？还是让我们从容面对吧！学会对竞争者微笑，相信笑到最后的也一定是你！在竞争的过程中必然要有一些竞技和争夺，但是请不要忘记在推销自己的同时留给对手一个灿烂的微笑。

在任何一个领域内，人与人之间都存在竞争。有人给竞争下了一个定义，那就是两个或两个以上的个人、团体在一定范围内为了夺取共同需要的对象而展开较量的过程。大千世界，因为存在竞争而充满生机和活力；芸芸众生，也由于竞争才能使得人才脱颖而出。时代的每一步发展，社会的每一次变革，无不充满竞争。竞争的结果就是优胜劣汰，成功者前进，失败者落伍。古往今来，概莫如此。

从小我们就经历着各种各样的竞争。考试要竞争，上大学要竞争，应聘要竞争，升职要竞争，抢占客户和市场还是要竞争。这一切的一切一定给你带来了不少的压力。以至于你在坚强的外表之下也经常彷徨，不知道应该向左还是向右。当上司拍着你的肩膀告诉你要好好干的时候，你的周围已经积聚了不少忌妒的目光，当你与主管发生争执的时候，显然旁边就有人站在那里坐山观虎斗，这一切的一切只说明着一个道理，那就是竞争这场游戏，玩得转相当不容易。

推销自己不可避免地会引来忌妒者和竞争者，但积极的竞争能给生活带来生机，能使工作和学习产生动力，这都是不容置疑的。然而，在看到其积极的一面时，你却没有理由忽视它所存在的另一方面。由于不能正确认识竞争而造成的负面影响，一位自寻短见的大学生在写给父母的遗书中悲伤地叹道，未来社会是一个竞争的社会，不善于竞争者则不能生存，像自己这样的人怎能适应呢？每天处在使人十分厌倦的这种充满竞争的学习环境之中，还不如及早地彻底解脱。某公司的一位干部也因长期处在一种激烈的竞争气氛中，感到十分沉重的压力，终于不堪重负而做出了极端的行为。类似于这样的事例并不少见，人们在叹息之余，也在思考着如何与竞争者保持互不伤害的状态。

既然竞争不可避免，竞争又能促进社会的前进，所以渴望成功的我们就要积极去应对，以乐观向上的态度投入竞争。竞争之中保持良好的合作，成功之后不忘提携幼弱，切不可为争一日之长短而做出有失品德的事情。职场、商务中竞争与做人是不矛盾的，良好的品格修养只会让竞争朝着更有利于你的方向发展。

俗话说："人在江湖飘，哪能不挨刀。"这话并非仅仅是指技不如人。在微妙的人际关系里，差之毫厘，谬以千里。大多数的职场竞争中，自己站错队伍，将他人放错位置……打造健康的竞争心理，对你的奋斗和成功有着重要影响。

想到这里让我们来看看下面这则故事。

心肠狠毒的农妇死了，她生前没有做过一件善事，她被扔进了火海里。守护她的天使心想："我得想出她的一件善行，好去对上帝说话。"天使想啊想，终于回忆起来，就对上帝说："她曾在菜园里拔过一根葱，施舍给一个女乞丐。"上帝说："那你就拿那根葱到火海边去拉她吧。如果能把她从火海里拉上来，就拉她到天堂上去；如果葱断了，那女人就只好留在火海里，仍像现在一样。"

天使跑到农妇那里，把一根葱伸给她，对她说："喂，女人，抓住了，我拉你上来。"天使开始小心地拉她，差一点儿就拉上来了。火海里别的恶鬼也想上来，女人用脚踢她们，说："人家在拉我，不是拉你们。那是我的葱，不是你们的。"她刚说完这句话，葱就断了，女人再度落进火海，天使只好哭泣着走开。

后来农妇才知道，这根葱其实是可以拉许多人的，上帝想借此再度考验一下她，但农妇没有经受住这次考验。

在我们的职场生涯中，类似于这个农妇的人比比皆是，他们认为是我的就是我的，如果我得不到，那么别人也休想得到。正是这种错误的竞争意识，导致他们在自己的职场生涯中频频出错，最终既得不到上司的认可，也得不到同事的拥护。每天皱着眉头在办公室里抱怨，自己什么时候才能熬出头来，可他们却从来没有想过，

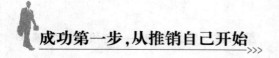

那些熬出头来的人都是怎样成功的。

竞争有成功就会有失败，有微笑就会有痛苦，其实结果并不重要，重要的是我们参与了整个过程，也许你觉得这是一句空话，可是如果你能够真真正正地去思考一下，感悟一下自己的人生就会发现，追求成功的奋斗过程，尽管没能百分之百得到你要的东西，但上帝会给你很多的副产品，你的努力最终还是有成果的。

我们可以自我解嘲，烦恼的事情哈哈一笑就过去了。有这样一个"酸葡萄"的故事。一只狐狸看到藤架上的葡萄非常诱人，可是跳跃了几次都够不着。于是这只聪明的狐狸说，这葡萄肯定是酸的，不吃无所谓。"酸葡萄心理"是化解忧愁的一剂良药。此外，阿Q的"精神胜利法"对化解沮丧情绪也有奇效，小说中的阿Q若不用这个"精神胜利法"来自慰，恐怕他早已走上极端的道路了。在自我安慰中寻求自我解脱并自得其乐，这是追求成功的人们应该而且能够做到的。

推销自己不可避免地会引来负面的声音，但要成功，竞争就是你的伙伴，没有竞争，我们推销自己的动力就无从找寻，我们梦寐以求找寻的成功也就渐行渐远。残酷的竞争并不可怕，既要迎难而上，也要保持良好的心态。无论结果如何我们还是应该对未来抱有美好的期待。继续努力吧！成功只属于那些敢于挑战的人。

成功悟语

"要成功，需要朋友，要取得巨大的成功，就需要竞争者。"有竞争才有发展，因为有了竞争者的存在，因为有了不服输的决心，才会努力地做好自己的事。所以，有时候，竞争者比朋友的力量更大，天下没有永远的竞争者，却有永远的朋友，有些时候，竞争者也可以变成朋友。竞争是一件很正常的事情，从我们还未来到这个世界的时候竞争就已经开始了。执著于梦想，展望美好明天，我们应该越战越勇。

准确地洞察他人的心理

俗话说"百样米养百样人"，我们在社会上生存，免不了要跟各式各样的人打交道。如果你想顺利地向别人推销自己，就一定要洞察对方的想法和心理，推销有的放矢，才能顺利推销自己。和陌生人接触，要学会通过服饰、气质、言谈举止等细节观察他的性格与背景，做到知己知彼。洞察心理是一切人情往来中操纵自如的基本技术，揣摩不清对方心理，盲目表现自己等于不知风向便去转动舵柄，弄不好还会在小风浪中翻了船。

推销自己前首先要学会揣摩他人心理，摸准对方的脉搏才会有针对性地展现自己，进而融洽地交流、交往，获得成功的根基。学会揣摩他人心理尽管不是一件容易的事，却是能够做到的，或者是一定要学的，肯定不会让你吃亏。它会让你推销自己更有针对性，让你的成功之路更加顺畅。

揣摩他人心理不是小人的专属，也不是不良品行的代名词，它是一种智慧，一种技巧，一种有利于推销自我的侦察手段。

洞察他人心理是一门学问，能够看出来的，能够做出来的，所透露出的态度和思想，将决定你的应变行为，甚至改变你的人生。揣摩心理是看问题的本质，看别人的心理，看问题的做法，洞察别人的内心世界，适应别人的需求，特别是在强大者的身上，体现得更加充分，你享受的好处自然是大大的，你个人的价值、个人的机会将会在他的看法中，充分体现，找到发展机会。

"察言观色"远胜于"埋头苦干"，洞察他人心理更高的境界在于办好事情。如果你能处理好各种关系，能够掌握恰当的火候，能够把好事办好，做到周密成功，是一个人做事的最高境界。费力不讨好的事情，办错误的事情，办别人不需要办的事情，是一个人错误领会他人心理的反映。

由此，这里有这样一个故事。

解放前，南京有一家名叫鹤鸣的鞋店，牌子虽老，生意却很惨淡。偶然间，老板发现许多商社和名牌店都时兴登广告推销商品，于是他也想做广告宣传一下。

但怎样的广告才有效益呢？店老板来回走动寻思着。这时，账房先生过来献计说："商业竞争与打仗一样，只要你舍得花钱在市里最大的报社订三天的广告。第一天只登个大问号，下面写一行小字：欲知详情，请见明日本报栏。第二天照旧，等到第三天揭开谜底，广告上写'三人行必有我师，三人行必有我鞋——鹤鸣皮鞋'。"

老板一听，觉得此计可行，依计行事，广告一登出来果然吸引了广大读者，鹤鸣鞋店顿时家喻户晓，生意火红。老板很感触地意识到：做广告不但要加深读者对广告的印象，还要掌握读者求知的心理。

这则特别的商业广告，也显示出赫赫有名的老商号财大气粗的气派。从此，鹤鸣鞋店的生意就变得兴旺昌盛了。

这个故事通过讲述一家鞋店的广告，折射出透析人们心理的重要性。虽然广告很多，但是吸引人的广告却很少，账房先生可谓独具匠心。他精心策划，广告虽然做得简单，但抓住了消费者心理，因而取得了极大的成功。我们所处的高节奏的时代，凡事都讲效率，洞察出他人心理，会让你事半功倍，这也是成功者必备的素质。

推销自己很重要，但是洞察人心更重要，当我们对对方有了进一步的了解，当我们更明白对方心里在想什么，当我们适时地转变自己的推销策略，让对方接受自己还会是一件多么困难的事情吗？常言说得好，事在人为。只要我们掌握了一定的技巧，多听多看多想，洞察人心也就不会是一件难事，下面介绍一些看破人心的方法，希望对你有所帮助。

1. 善于捕捉"弦外之音"

一般说来，一个人的感情或意见，都在说话方式里表现得清清楚楚，只要仔细揣摩，即使是弦外之音也能从说话的帘幕下逐渐透露出来。

说话快慢是看破深层心理的重要关键。如果对某人心怀不满，或者持有敌意态度时，许多人的说话速度都变得迟缓，而且稍有木讷的感觉。如果有愧于心或者说谎时，说话的速度自然就会快起来。

从音调的抑扬顿挫中看破对方心理。构成谈话的前提包括了两种不同立场的存在者，即说话者与听话者。我们可以根据对方对自己说话后的各种反应，来突破对方的深层心理。

2. 从表情洞察心理

人们常常"喜怒形于色"，我们可以从表情上粗略地判断对方的真实情感。观色是指观察人的脸色，获悉对方的情绪。这与老猎人靠看云彩的变化推断阴晴雨雪是一个道理。人类的心理活动非常微妙，但这种微妙常会从表情里流露出来。倘若遇到高兴的事情，脸颊的肌肉会松弛，一旦遇到悲哀的状况，也自然会泪流满面。但要注意，没表情不等于没感情、愤怒悲哀或憎恨至极点时也会微笑。比如有些人不愿意这些内心活动让别人看出来，单从表面上看，就会让人判断失误。

3. 从"眼神"察人心

孟子云："存之人者，莫良于眸子，眸不能掩其恶。胸中正，则眸子降，胸中不正，则眸子眩。"眼睛最能反映一个人的心理，从眼睛里流露出真心是理所当然的。

眼睛看人的方法由来已久。人的个性是一成不变的，无论其修养功夫如何深远。俗话说，江山易改，本性难移。看人的个性还是简单的，而情的表现则不然。性为内，情为外，性为体，情为用，性受外来的刺激，发而为情，刺激不同。感情所表现最显著、最难掩的部分，不是语言，不是动作，也不是态度，而是眼睛，言语动作态度都可以用假装来掩盖，而眼睛是无法假装的。我们看眼睛，不重大小圆长，而重在眼神。

眼神沉静，说明他成竹在胸；眼神散乱，说明他毫无办法；眼神横射，说明他异常冷淡；眼神阴沉，说明他心存不轨；眼神流动，说明他胸怀诡计等。从一个人的眼神，就能看穿他最真实的心理反应。

4. 从行为看心理

一个人的行为举止也是他心理的突出反映。比如坐什么座位，怎样坐，都反映了人的深层心理。座位距离的大小，可以表示主观上想侵犯对方身体领域的程度，从而能判断出他的一些心理想法，知道他想干什么。一对情侣，即使在很宽阔的沙发里，他们必然也会靠近对方的身边坐下，这当然并不是没有足够的空间，而是反映了他们如胶似漆的心态。坐在正对面或旁边，表现的心理状态就不同，面对面坐着有一种距离感，这时，两人之间有一张桌子或什么东西之类的障碍物会感觉比较舒服。

5. 从衣着看心理

我们可以从一个人的衣着洞察他的心理状态。一个人只要穿上他喜爱的衣服，包括颜色、质料，即可把自己毫无掩饰地呈露出来。比如，衣着华丽者自我显示欲强，爱出风头，同时这种人对于金钱的欲望特别迫切；衣着朴素者往往缺乏自信，不爱穿华美的衣服，大多缺乏主体性格，对自己缺乏信心；喜欢时髦服装者有孤独感，情绪常波动。

洞察人心的方法多种多样，来源于你对生活的认真观察和思考，推销自我是否能成功，关键就在于能否打好洞察人心的根基。掌握了人的心理，做出正确的应对方案，再艰难的事情也会迎刃而解，那么，造就成功还会遥远吗？

成功悟语

我们要善于观察、思考、揣摩，对他人进行认真仔细的琢磨，也就会比较全面地了解情况，也就为他人给你办事做好了铺垫，有了这么多的信息揭示，你也就较为容易地在你脑海中确立一个对方的具体形象，这时你要对得到的信息迅速加工整理，看哪些能够作为与其建立良好关系的最佳突破口。

积极争取，为成功铺路

积极推销自己，开拓成功之路。这个世界上机遇很多，但是如果你没有积极的态度，机遇就将是属于别人的。在这个充满成功机会的社会里，如果连你自己都不极力地推销自己，还有谁会帮助你成就成功的理想呢？其实成功的路就在前面，关键在于你如何去把握，当你用自己的努力去证明自己、去推销自己的时候，就会发现原来成功一直在不远处看着你微笑呢。

有人说好事不会从天上掉下来，机遇也不是等来的，而是自己积极争取来的，一个渴望早日成功的人，如果做事不积极进取，那么只能在这个充满竞争的时代分得一碗残羹冷炙。正如你在选择什么时机、什么时候去勇敢地推销自己一样，成功是靠自己积极争取的。面对新时代的风云变幻，我们每个人都应该给自己提出更高的要求，努力地迎合这个社会，努力地营造更好的生活，尽管这话有些老调重弹，但这绝对是不争的事实。

自然法则不论是在人类还是在动物界都通用，在动物界有这样一件有意思的事情。在美丽的非洲大草原上，生活着羚羊和狮子。羚羊每天一早醒来，就在思考，如何跑得更快一些，才能不被狮子吃掉；同样，狮子每天一早醒来，也在思考如何能比跑得最慢的羚羊更快一些，才不会饿死。

今天过去了就再也找不回来了，昨天不等于今天，过去不等于未来。生活在美丽的非洲草原的羚羊和狮子，两者相比之下，弱者羚羊，为了生存别无选择。只有面对现实，勇于挑战、用心挑战，才能超越自我、获取食物、战胜对手、不断进步，才能在美丽的非洲大草原上幸福生存。

推销自己时优柔寡断、错失良机，你就失去了机遇，而机遇是稀缺资源，失去了就很难再找回了。积极地推销自己，才可以铺开属于自己的成功之路。物竞天择是万物生存的规则，这个世界是现实的，也是充满竞争的，如果你不能积极进取地跑在前面，那么你就只能被后面的对手追上，就算你不在乎多少人会追上你的脚步，就算你不看重他们会不会远远把你甩在身后，但最起码你应该正视自己在这个世界上的价值，自己生活的真正意义。这个世界上，没有天上掉馅饼的事情，一个不思进取的人是不会成功的，也是必将被时代淘汰的。在这里不想说太多的大道理，一个成熟的你什么都明白，关键要看你会怎么对待自己的人生，怎样对待自己的未来。其实，如果你现在可以改变自己，让积极进取的心态得到最大程度的激发，那么你就一定能够创造属于自己的那份成功。

科学家牛顿一生诲人不倦。有一次，他安排给助手一个问题，需要在很短的时间里解决。过了很长一段时间后，牛顿向助手要答案，助手一脸茫然地说道："对不起，牛顿先生，这问题对我来说

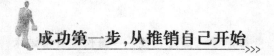

太难了,根本无法解决。"牛顿感到非常生气,他想:"事情已经交给你很长时间了,即使问题再难也应该找到解决办法了。"助手解释道:"我想,除了你没人能解决这个问题。"牛顿生气了:"你根本就没有去找人,也没有去想办法,你又怎么知道没人能够解决呢?我告诉你,这个问题除了你,其他所有人都能够解决。"最后,牛顿对他的助手说:"你这是没有积极进取的意识,怎么能一遇到问题就偃旗息鼓呢?你应该充分发挥你的才能,直到将问题解决了为止。"

成功的人多数是做人很好的人。做人是一生成败的重要话题,它与心态有很大关联,凡是在这点上过不了关的人,一定会遭遇大挫折,这是硬道理。甚至可以说,做人的心态,既影响一生,也决定一生。很多人明白这一点,但行动起来,却非常困难,以至半途而废,结果让人生的可能变为不可能。我们很多人,在工作中一遇到麻烦就偃旗息鼓,这确实是缺乏进取意识。其实,一个人的潜力是无限的,只要你愿意发挥,积极进取,培养积极的心态,就可以使我们的生活按照自己的想法发展,没有积极心态就无法成就大事。记住:我们的心态是我们唯一能完全掌握的东西。

1942年,英国贝尔实验室发明了晶体管,可当时国内科技及企业界人士普遍认为要到20世纪70年代才能真正有大用途。索尼公司总裁盛田昭夫从报上得知消息后,立即飞往英国以25000美元低价买回晶体管生产许可证,两年后索尼公司推出第一台便携式晶体管收音机,重量是电子管收音机的五分之一,价格却是其三分之二,仅3年时间便占领全美收音机市场,5年占领全世界市场。

1962 年英美同时宣布发明了计算器，但企业界人士未重视，日本公司再次捷足先登，引进样机，1964 年便推向全世界。3 年后大规模集成电路问世，计算器又有了质的飞跃，1976 年日产计算器占世界市场的 80%，即使 20 年后，它仍在世界行销。

可以说日本是积极接触世界的典型。很多技术都是由日本传播到全世界的，传播就是一种成功啊。当你不积极的时候，你的敏感性就会毫无用处，你不但丧失了成功的机会，反过来不得不去成就别人的成功。可以说这个世界不缺乏伟大的敏感者，不缺乏伟大的思想者，缺乏的是伟大的行动者。而伟大的行动者实质就是那些具有积极心态的人，他们是真正的实践家，而不仅仅是任劳任怨的勤奋者。所以，既然看好了你就勇敢地去推销自己，发表自己的见解，并用自己的行动证明自己的正确吧！

渴望成功的人必定有自己的原则，即对自己负责，也对别人负责，不轻言失败，因为世界上的难事，不可尽数，你的困难，也是别人的困难，战胜困难，是唯一的选择，这就需要你拥有一个积极的心态。天下失败者都可归为一种：自己放弃自己，自己毁掉自己。在今天这个竞争异常激烈的社会，没有做人的积极心态，要谈立足几乎是天方夜谭，如果让消极的心态纠缠自己，只能让自己越来越灰心。改变自己一生的法则，往往不在于能力大小、环境好坏、机遇多少，而在于你以什么样的心态做人、做事，找准自己的强项与弱点，扬长避短，善待自己，就会找到自己脚下的通往成功的路。

亚伯拉罕·林肯曾经说过："我一直认为，如果一个人决心获得某种幸福，那么他就能得到这种幸福。"你相信你能通过推销自己获取成功，那么，你就一定行。前提是积极的思想加上积极的行动，积极争取你才可以得到。追寻成功脚步的你也一样，每天都在为自己的未来期待着、努力着，说是为了理想也好，说是为了在现实中拥有更美好的生活也罢，积极的心态是绝对不能少的，当你拿着手中的画笔积极地去描绘未来的人生，当你已经着手去构建梦想的高楼，好的开始就这样悄悄地拉开了序幕，努力奋斗吧，相信你一定是那个笑到最后的人。

成功悟语

成功者多数是有积极心态的人，对于他们来说，每一种逆境都含有等量或更大利益的种子。不要让你的心态使你成为一个失败者。成功是由那些抱有积极心态的人所取得的，并也由那些以积极的心态努力不懈的人所长久保持着。

锤炼自己的好品格

好品格在我们成长的道路上尤为重要，它是我们成功路上最强大的动力之一。每一种真正的美德，如忠诚、勤奋、勇敢、自律、正直，都会自然而然地得到别人的崇敬，好的品格是人性的最高形式的体现，最大限度地展现出人的价值，好品格是你推销自我的王牌广告，它会让别人眼里的你更完美。具备好品格的人值得信赖、信任，更容易通过推销成就自我，更容易获得成功。

好的品格得到人们的尊重，容易让人产生好感，推销自我时更容易被人接受。好品格是心灵的修为，主宰着我们的工作和生活。社交中，你是否发现有些人常常沮丧，对工作和生活没有信心？而又有一些人总是神采奕奕，他们面带笑容，时时鼓励他人，对工作和生活充满了信心，面对挫折勇往直前，不断地挑战自己，从不会滑入沮丧的深渊。如果这是一道选择题，你会选择和哪种人在一起？答案不言而喻，不过，你是否想过是什么帮助了他推销他自己呢？你自己又是属于哪一种人呢？你的思维模式又是怎样的呢？

玛丽在发达之前是一名普通的推销员。有一次，销售经理组织开会，经理在会上发表了非常鼓舞士气的话，大家听了都深受启发。结束后大家都希望同这位经理握握手以示感谢。玛丽为了同他握手足足排队等了3个小时，终于轮到她了，而这位经理在和她握手时根本瞧都不瞧她一眼，而是用眼去瞅她身后的队伍还有多长。经理甚至都不知道和他握手的人的名字。善良的玛丽理解他一定很累。可是自己也等了这么长时间也很累呀！自尊心受到了强烈的伤害，她暗下决心：如果自己也有这么一天，有许多人排队等着同自己握手，自己无论多累都会把注意力全部集中在站在面前同自己握手的人身上！

玛丽凭着这样的决心，不断地努力，从化妆品行业的门外汉到后来创建了玛丽·凯化妆品公司，声誉鹊起。终于也赢得了她心中那种握手的机会。她曾多次站在队伍的尽头同数百人握手，常常持续3个小时甚至更久。无论有多累，她总是牢记自己当年排队等候

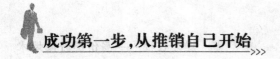
和那位销售经理握手时所受到的冷遇，她公正地对待每一个人，如有机会她总是设法同对方说点亲切话，哪怕只同对方说一句话，如"你的衣服真漂亮，发型很好看"，等等。她总是全神贯注地同每一个人握手，从不分散注意力。

故事里玛丽凭着自己坚强的毅力创办了自己的公司，无论自己的职位有多高都要亲切地对待每一个人，玛丽这种坚强的品格始终鼓舞着每一个人，从以下这几方面锤炼自己的好品格吧。

1. 懂得做人

会做人，别人就喜欢你，愿意和你合作，才容易成事。怎么让别人喜欢自己呢？好的企业领导者都习惯于能真诚地欣赏他人的优点，对人诚实、正直、公正、和善和宽容，对其他人的生活、工作表示深切的关心与兴趣。

2. 正面思考

这听起来似乎很简单，但很多人却未拥有正面思考所必备的最起码的自我尊重。正面思考不仅仅是表象，而是要从自己的潜意识里真正地去正面思考，只有潜意识里浮现的是正面的消息，才能积极地面对挑战，以不倒翁的架势迎接困难成为世上真正的胜利者。要肯定自己、肯定周围的世界，同时帮助别人肯定自己。

3. 贵在坚持

成功的道路上有些人之所以比别人成功，是因为当他们遇到困难时，会坚强地爬起来，勇敢地去解决问题。寻找机会一如既往地去努力探索。而有些人之所以会失败是因为他们在失败时没有努力寻求答案，没有重新开始，使失败成为定局。与其为失败沮丧，不如仔细研究它们，寻找解决办法。要像爱迪生发明灯泡那样去试验上万次。要时时告诉自己"我今天失败了，但明天我一定会成功！"这样持之以恒的毅力正是你所需要的，同样也是你迈向成功的金钥匙。

4. 坚定目标

目标是行动的目的，是所有成就的出发点，因此我们必须要有明确的方向，也就是说必须知道自己想要的是什么，否则一会儿东，一会儿西，什么也做不成。我们不光要有自己的目标，还要制订出达到目标的计划，并且花费最大的心思和付出最大的努力来完成目标。

钢铁大王卡内基原本是一家钢铁厂的普通工人，但是他树立了明确目标——制造及销售比其他同行更高品质的钢铁，使之成为全美最富有的人之一，并且有能力在全美国小城镇中捐资盖图书馆。

为自己制订目标及执行计划，是唯一能超越别人的可行途径。如果一生漫无目标，你的人生就会是一艘没有航标的行船。

5. 拥有魄力

"迟疑"是我们成功路上的绊脚石，它不仅会偷走你的时间还会偷走你的金钱。你想得越快，行动也会跟着越快。在社交职场中我们常以明快的决定和快速的行动打败那些大人物，而这也是你要打胜仗所必须做的。

1959年秋，松基3井打到1000米以后，多次出现油气显示，后来还发生了其他线索，说明地下可能遇到了含油气层。石油工业部副部长康世恩果断地决定立即停钻试油，来访的苏联专家、苏联石油部总地质师、通讯院干米尔钦柯立即表示反对。经过康世恩等耐心地解释，米尔钦柯等苏联专家也同意了停钻试油的意见，最后康世恩果断地决定立即停钻,用原钻机试油,基准井的其他任务改由附近的井去完成。松基 3 井终于提前在新中国成立 10 周年大庆前夕喷出了工业油流,向人们宣告了大庆油田的发现,了解这段情况的人都说:"亏得领导勇于打破框框,办事机动灵活,果敢决断,若不然这一天不知要被推迟到哪一年呢!"

缺乏魄力,就等于失去造就成功的机遇。我们身边有很多功败垂成的例子,多数就在于辛苦奋斗一生,关键时刻下不了决心,瞻前顾后,畏首畏尾,与机遇擦肩而过,所以,锤炼自己的好品格,魄力是关键的一环。

好品格是一个人良好素质的表现,锤炼好品格有利于更好地推销自己,你的表现不会让人感到反感,相反会给人亲切、平和的感觉,那么,推销你自己也就走上了正轨。好品格对个人的心理产生积极作用,同样会感染他人,传递积极思想,推销自己的好品格,机遇会更加垂青你。

成功悟语

锤炼自己的好品格,你就一定可以拥有坚强的自信,就是一堵高墙也挡不住你追寻有价值的人生。好的品格只要求我们对生活有所规范。一旦做到,获得的回馈就会很多,因为这些法则保证了一个热诚的、有成就的人生,让你得到完全发挥潜能时的满足感,也带给你一个对家庭、朋友及你自己都有价值的人生。

修炼好自己的情商

人的情商能力，对于推销自己至关重要。情商既是一个人掌控自己和他人情绪的能力，又是一种技巧。既然是技巧就有它特有的规律存在，就能掌握，亦能熟能生巧。只要我们控制好自己的情绪，不断地激励自我，多点感情投资，我们也会在极佳的状态下推销自己，营造一个有利于自己生存的宽松环境，创造一个更好发挥自己才能的空间。因此，情商对我们的成功有很大的影响！

推销自己的道路上并不是一帆风顺的，我们会遇到不同的人，遇见不同的事情，这时候我们除了要拥有较灵活的应对办法外，还要练就一流的情商，从某种角度来说有的时候情商比智商更重要，它能让你在需要帮助的时候左右逢源，能够让你保持一个平和的心态，更能帮助你成为自己情绪的主人，更好地把握自己的今天和明天。

在个人成功的要素中，智力因素（或称为"智商"）只占20%，而其他非智力因素中主要是情绪智力（或称为"情商"）因素占了80%。情商是如何占有这一重要地位的呢？根据科学家们的研究结果显示，"情商"是一种驾驭自己的能力。包括驾驭自己的情绪，驾驭自己的思想，驾驭自己的意志，控制和协调构成自己心理过程的不同要素的相互作用关系，让自己努力去实现自己的愿

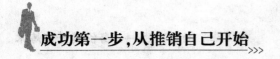

望。让我们看看下面这个故事吧！

从前有一个男孩，他脾气很不好，父亲送给了男孩一袋钉子，并告诉他将要发脾气或者吵架的时候，就去院子外的篱笆上钉一根钉子。结果第一天，他就钉了 37 根钉子。随后的几天他试着控制自己的情绪，这样每天钉的钉子也慢慢减少。他想，控制自己的脾气要比钉钉子容易得多。终于某一天，他一根钉子也没有钉，他就兴奋地把这件事告诉了他的父亲。父亲说："从此以后，如果你一天都没有发脾气，就可以在篱笆上拔掉一根钉子。"日子一天天过去，最后，钉子全被拔光了。父亲带他来到篱笆边上，对他说："儿子，你做得很好，可是看看篱笆上的钉子洞，这些洞永远也不可能恢复了。就比如你和一个人吵架，说了些难听的话，你就在他心里留下了一个伤口，像这个钉子洞一样。"插一把刀子在一个人的身体里，再拔出来，伤口就难以愈合了。无论你怎么道歉，伤口总是在那儿。要知道，身体上的伤口和心灵上的伤口一样都难以恢复。你宝贵的财产就是你的朋友，朋友让你开怀，让你更勇敢。他们总是随时倾听你的忧伤。你深陷困境的时候，他们会敞开心扉，真诚地帮助你。

这个故事说明，人的情商的修炼过程，是自我克制、反求诸己的过程。"情商"是一种人格状态或品质。它是人的众多能力和智慧的综合体现和实现，是一种经常性、稳定性存在的情绪品质和人格素质。因此，衡量情商的高低，需要从多方面、多角度来衡量。

1. 控制自己的情绪，保持良好的心态

社交中要积极主动，每天精神饱满，与朋友见面要主动打招呼并且流露出愉悦的心情。

2. 找到适合自己的方法

遇到问题时要先使自己平静下来再做出理智的行动。比如听一些舒缓的歌，要自己喜欢的，有感觉的；深呼吸，深深地吸气呼气，用手按住胸口等方法。

3. 找一个自己身边的榜样

你可以想：他们能做到的我也能，模仿他们去做一些事情，你会在追赶他们的过程中提升自己的情商。

4. 不要抱怨

抱怨对解决问题毫无用处且不会有任何结果。想抱怨时要先问问自己："是要忍受目前的现状，还是要努力地改变它？"你要权衡后再行动。人一旦有了压力就会为改变现状而付诸行动，从而在前进的道路上加倍地努力，改变自己的命运。

5. 从难以相处的人身上学东西

人各有优缺点，我们可以换个角度看人或事，这些难以相处的人同样可以帮助我们提高情商。对待难以相处的人我们要学会灵活，发现各自的方式，在与之交往的过程中，灵活运用到自己的身上。

6. 要掌控消极的情绪

在工作和生活中要培养积极的思维方式。以开放的心态去处理工作中的人际关系和事情，要学会逆向思维，要站在对方的角度去处理事情。总之，我们要学会做自己情绪的主人！

7. 要树立长远的目标

制定明确清晰的个人目标，并围绕目标不断地去努力，积累自己职业发展的财富。同时要以结果为导向去衡量自己的工作，使其成为一种行为习惯，积极想办法去实现自己的目标。如果面对一项工作，你还没有去做就否认自己的能力，认为自己不可能完成，你的思维方式妨碍了自己能力的发挥，那么你就有可能真的完不成。

8. 要培养良好的职业习惯

积极的心态、良好的思维方式，都是提升情商和实现自我价值突破的途径。要想成功，就必须有成功者良好的习惯。改变自己的不良习惯，敢于面对压力，努力突破自己以往的不足，培养出积极向上的职业化习惯。

9. 要学会沟通

社交中我们会遇到形形色色的人，然而每个人的性格都不尽相同，有的人直言快语，有的人则沉默寡言，有的人遇到问题喜欢去沟通，有的人则比较被动。这也就决定了我们的沟通方式各不相同，要有意识地去改变自己的沟通方式，学会积极倾听对方。良好的沟通方式不是要说服对方，而是要真正理解对方的想法，只有这样才会实现双赢的沟通，建立良好的人际关系。

修炼好自己的情商，能够在推销自己的时候应用自如，能够以己度人知晓对方的处境，能为我们搭建沟通的桥梁，使彼此的关系更加融洽。情商的修炼过程，也是提高我们自我推销术的修炼过程，相信修炼的过程会让你得到更多。

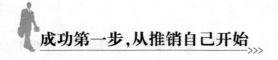

成功悟语

总是自以为是，总是感觉良好，口无遮拦，伤害自己身边的人，总以为自己什么都懂，其实只是一个被惯坏了的小孩子而已。

修炼情商就是学会为人处世的方法，也包括怎样调节自己的心境。情商并不一定是天生的，有些人天生机遇特别好，有些人天生八面玲珑，有些人没有那么好怎么办呢？去学，你学完之后肯定会受益无穷的，你会自己喜欢，自己会让别人喜欢，你会喜欢你的青年时代，你会喜欢你的奋斗过程，你也会喜欢你的老年时代，你这辈子一定过得快乐幸福。

培养自己的好习惯

"习惯决定命运"，这句话大家耳熟能详，但大多数人并未将其根植于内心。一个不好的习惯完全会让你的推销计划功败垂成。成功的人是少数，因为他们懂得用好习惯推销自己。习惯的力量是惊人的，习惯能载着你走向成功，也能驮着你滑向失败。选择怎样的习惯，完全取决于你自己。而每一个渴望成功的人，也必然是从改善自己的习惯开始的！

播下一个行动，收获一种习惯；播下一种习惯，收获一种性格；播下一种性格，收获一种命运。人们都喜欢有条不紊、做事有序的人，他们身上散发出的高效、次序感染着周围的人，将自己的好习惯在不知不觉中予以推销，将是一种有力量的成功。

生活中，好的习惯并非是与生俱来的，自然而成的常常是懒惰、生活不规律等那些坏习惯。我们都不相信坏习惯能帮助推销自

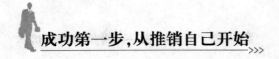

己直至成功。既然好习惯是通往成功的加速器,我们就要通过自我控制来培养好习惯,而习惯的培养也不是件容易的事。要知道,从坏习惯中往往累积起很多疾病、不良性格,在某种意义上说,好习惯是高质量生活的保证,是一个人有修养、有内涵的根基,是一个人融入社会、开展社交的通行证,好习惯创造机遇,并为一个人的成功插上了翅膀。

成功者所共同具有的良好习惯和素质,使他们能够从芸芸众生中脱颖而出。在研究了大量成功者的案例后我们发现,这些最优秀的成功者知道自己需要什么,并能尽全部的努力去达到自己的目标,他们懂得做人、善于决策和推销自己、充满热忱、激励团队以及赢得拥戴。

我们先一起来看这样一则真实的故事。

一家著名的外资企业高薪招聘一批应届大学毕业生,对他们的要求都很高。几名应聘的大学生过五关斩六将,终于等到了最后一关,这个环节由总经理亲自面试。刚一见面,总经理说:"很不好意思,我手头有点急事,要出去半个小时,你们可以等我吗?"这几位大学生们都说:"没问题,您去忙吧,我们在这儿等您。"总经理走了,这几位大学生闲着没事,开始围着经理的大写字台看,只见资料、书信成叠。都是些什么呢?好奇心驱使他们你看这一叠,我看这一叠,看完了还不忘交换:哎哟,这个好看,哎哟,那个有意思。

20分钟后,总经理回来了,他说:"面试结束了,你们全都可以离开了。"大学生们个个瞪大了眼睛,"这是怎么回事,面试还没开始呢。"总经理说:"我不在的这一段时间,你们的表现就是面试。很遗憾，本公司不欢迎那些有不良习惯的人。"

上述故事读罢令人心情沉重，试想，参加外资企业面试已到最后一关，难道他们还不够优秀吗？他们不明白，推销自我最重要的是养成良好的习惯。这说明了成绩优异还远远不够，要学会做人，学会以好习惯待人，用好的习惯推销自己，才会使成功不期而至。

那么，渴望成功的我们，需要培养和推销哪些好的习惯呢？

1. 善于决策

成功的人必定是个有自我主见的人，待选择的方案总是不止一个，决策就是要对各种方案进行分析、比较，然后选择一个最佳方案。推销自己再积极、再成功，没有自我主见和决策，那么始终是别人的附庸和鼓吹手，很难达到自我的成功。

决策过程中，需要多听取他人意见，对人对事积极思考。事物本身并不影响人，人们只受到自己对事物看法的影响，在决策的同时，养成积极的思维习惯。

2. 高效工作

平庸的生活会把一个人成功的欲望无情地撕碎，而高效工作会让你驶上成功的高速路。所以说，思想决定行为，行为形成习惯，习惯决定性格，性格决定命运。你要想成功，就一定要养成工作高效的好习惯。

你在检省自己工作的时候，如果有该做的事情而没有做，或做而未做完，并为此感到焦灼，那就说明你需要改变工作习惯。你可在上午9点左右工作效率最高的时候将最困难的工作放到这时来完成；每天集中一两个小时来处理手头紧急的工作；学会高效地利用零碎时间做些小事；列个任务清单，有计划地执行；懂得借助外力协同你完成任务，不必埋头苦干。

3. 经营健康

美国商界曾有这样一个观点：不会管理自己身体的人亦无资格管理他人，不会经营自己健康的人就不会经营自己的事业。

一个人如果没有健康的身体，他对自己、家庭，甚至对全社会就不会有什么价值。我们生活中常常养成对健康不利的坏习惯。抽烟、喝酒、不充足的睡眠、饮食……它们要你付的代价或许不会马上兑现，但时间久了，你的身体将会逐渐变坏。一旦身体状况不好，你就不可能卓有成效地完成工作。而那些成功者会将一些不利于健康的习惯严加控制。

4. 终身学习

俗话说："活到老，学到老。"学习不能间断，学习可以激励我们，它能帮助你制定未来的个人职业生涯发展规划，增强自信心和能动性，并给你带来成就感。多少年来我们总是对一些有创造力的人赞叹不已，这种创造力并非是与生俱来的，而是通过不断地学习造就的。

每一个成功者都是有着良好学习习惯的人。世界 500 强大企业的 CEO 至少每个星期要翻阅大概 30 份杂志或图书资讯，一个月可以翻阅 100 多本杂志，一年要翻阅 1000 本以上。

5. 勇担责任

尽管世界上机会很多，但很多人就是不敢抓，原因之一就是怕烫手。团队中一个人因为敢于承担责任，才会获得信赖；因为敢于承担责任，才能够显示价值，于是，他便成功了。缺乏责任心的人在衬托有责任心的伟大，是他们在给有责任心的人提供了机会。如果想获得常人所得不到的满足和快乐，你就要承担常人不愿承担的责任。

人们接受别人的推销，一般不在于产品到底有多好，而是被推销者身上散发出的气质所打动，也许就是他的一个好习惯。好习惯提升个人品质，推销我们的好习惯，不仅是在帮助别人，更是在帮助自己。

成功幡语

好习惯会让你走得更远！通往成功的道路上，我们拿出来向别人推销的尽管是我们的全部，但往往打动人的，还是那些你身上的闪光点，好的习惯造就优秀的人才，好习惯敲开机遇的大门，好习惯赢得贵人的提携。一个月养成一个好习惯，只要你下定决心持之以恒，将好习惯不断保持，你离成功就不会太遥远了。